Gero Kalt / Rainer Mathes Hg.

Best Practice der strategischen Unternehmenskommunikation

Wie erfolgreiche Kommunikationsmanager planen und umsetzen

IMPRESSUM

HERAUSGEBER
Dr. Gero Kalt, Dr. Rainer Mathes

VORSITZENDER DES BEIRATES
Ulrich Nies, Präsident der Deutschen Publik Relations Gesellschaft (DPRG)
▸ www.dprg.de

REDAKTION
Dr. Thomas Hartmann
▸ redaktion@kommunikationsmanager.com

GESTALTUNG/ILLUSTRATION
Rodolfo Fischer Lückert
▸ grafik@kommunikationsmanager.com

FOTOS
Accenture, ALTANA AG, BASF Aktiengesellschaft, Bayer AG, Bertelsmann AG, Commerzbank AG, DaimlerChrysler AG, Degussa AG, Deutsche BP AG, Deutsche Post World, Deutsche Postbank, Dr. Viktor Bauer Public Relations GmbH, DZ BANK AG, eBay GmbH, General Motors Europe AG, Henkel Gruppe, ING-DiBa, LANXESS AG, MAN Roland Druckmaschinen AG, Merck KGaA, Metronet, MLP AG, OMV AG, PUMA AG, Roche Diagnostics GmbH, SAP AG, Starbucks Coffee Company, Telekom Austria AG, ThyssenKrupp AG, TUI AG, UBS AG

VERLAG
F.A.Z.-Institut für Management-, Markt- und Medieninformationen GmbH, Mainzer Landstraße 199, 60326 Frankfurt am Main, Telefon: (069) 75 91–30 33, Telefax: (069) 75 91–24 23, Geschäftsführer: Dr. Gero Kalt, Volker Sach, Peter Steinke ▸ www.faz-institut.de

ANZEIGEN- UND VERTRIEBSLEITUNG
Michael Hillbrink, F.A.Z.-Institut für Management-, Markt- und Medieninformationen GmbH, Telefon: (069) 75 91–30 33, Telefax: (069) 75 91–24 23
▸ anzeigen@kommunikationsmanager.com

DRUCK & VERARBEITUNG
Boschen Druck, Frankfurt am Main
▸ info@boschendruck.de

LITHOS
SatzKontor GmbH, Rodgau-Jügesheim
▸ www.satzkontor.de

INTERNET
▸ www.kommunikationsmanager.com

ISBN
ISBN 10: 3-934191-97-5
ISBN 13: 978-3-934191-97-6

Vorbemerkung

Erfolgreiche Unternehmenskommunikation ist kein Zufall. Sie ist das Ergebnis eines professionellen Managementprozesses: Präzise Analyse, strategische Planung, integrierte Umsetzung und vorurteilsfreie Evaluation gehören ebenso zum Erfolg wie eine motivierende Mitarbeiterführung, eine überzeugende interne Budgetplanung und die externe wie interne Akzeptanzsicherung.

Wer sich dann im öffentlichen Wettbewerb um eine mediale Positionierung aufmerksamkeitsstark durchsetzen und positiv positionieren kann, der hat sich als anspruchsvolle Benchmark für die gesamte Branche bewiesen.

Solche Beispiele haben wir aufgespürt und für das Entscheidermagazin >kommunikationsmanager und dieses Buch gewonnen. Wohl noch nie zuvor haben so viele hochkarätige Topmanager der Kommunikationsbranche ihre Erfahrungen aufgeschrieben und transparent gemacht. Erfreulich offen und sehr detailliert haben die Autoren ihre Vorzeigeaktivitäten für diese Publikation geschildert. Sie geben so den vielen Kollegen einen anschaulichen Einblick in ihre Planungen und Maßnahmen.

Es lag nahe, die vielen Best-Practice-Projekte aus dem Magazin auch als Nachschlagewerk – griffbereit für das Regal – aufzubereiten. Das vorliegende Buch ist so zum einzigartigen Ideenpool mit hoher Praxisrelevanz geworden, von dem alle PR-Entscheider lernen können. Die Beiträge sind in den Jahren 2004 und 2005 im >kommunikationsmanager erschienen und wurden unverändert für dieses Buch übernommen.

Wir möchten allen danken, die an diesem Projekt als Autoren und Ratgeber, als Anzeigenkunden, Partner und Abonnenten mitgewirkt haben. Denn der >kommunikationsmanager und dieses Jahrbuch sind im Kern ein Branchennetzwerk, das nur deshalb funktioniert, weil so viele führende Kollegen mit viel Herzblut daran mitwirken.

Der Kommunikationsbranche – davon sind wir überzeugt – tut dieser Plattformgedanke auch insgesamt gut. Dokumentiert er doch, wie professionell und anspruchsvoll die Aufgaben der Unternehmenskommunikation im deutschsprachigen Raum wahrgenommen werden, und dass es angemessen ist, von Kommunikations-„Management" zu sprechen.

Und natürlich gilt unser Dank auch der DPRG, dem führenden Branchenverband in Deutschland. Ihrer Bereitschaft, ein solch ambitioniertes Vorhaben voranzutreiben, ist es zu verdanken, dass diese Plattform der „Besten" erst entstehen konnte.

Viel Gewinn beim Lesen wünschen

Gero Kalt und Rainer Mathes

Inhalt

ThyssenKrupp AG

Die kommunikative Neupositionierung des ThyssenKrupp-Konzerns

„Wir entwickeln die **Zukunft** für Sie"

Von Jürgen Claassen

CORPORATE BRANDING

> Das Beziehungsnetz zwischen Unternehmen und Stakeholdern wird immer komplexer und fragiler. Egal, ob es sich um Kunden, Journalisten, Analysten oder Mitarbeiter handelt – Unternehmen müssen die Beziehungen zu ihren Anspruchsgruppen kontinuierlich, systematisch und effizient gestalten. Für einen Konzern wie ThyssenKrupp mit über 700 Tochterunternehmen in 70 Ländern und den drei Tätigkeitsschwerpunkten Stahl, Industriegüter und Dienstleistungen gilt dies in besonderem Maße. Langfristiges Ziel der Unternehmenskommunikation ist es, einen Beitrag zur Steigerung des Unternehmenswertes zu leisten. Dies erfolgt durch die Sicherung einer angemessenen Präsenz in der Öffentlichkeit, einer fairen Berichterstattung in den Medien sowie transparenter und verantwortungsvoller Kommunikation mit dem Kapitalmarkt. Darüber hinaus zielen die Investitionen in das Image von ThyssenKrupp darauf ab, einen „Reputationswert" zu schaffen. Eine gute Reputation macht den Konzern langfristig wesentlich resistenter gegenüber Krisen und verbessert die Einschätzung bei den Stakeholdern im In- und Ausland. Drittes wesentliches Ziel ist die Förderung einer hohen Identifikation der Mitarbeiter und Führungskräfte mit dem Konzern, wodurch diese ebenfalls zu Reputationsträgern werden und die Konzernziele engagiert unterstützen.

Reputation und Wertmanagement

Reputation basiert hauptsächlich auf der Kenntnis der Produkte und Leistungen des Unternehmens. Die Reputation drückt daher die Summe der positiven und negativen persönlichen Erfahrungen mit einer Marke aus. So wirken sich zum Beispiel gute Erfahrungen mit einer Automarke unmittelbar positiv auf die Reputation des Unternehmens aus. Es überrascht daher nicht, wenn gerade die Automobilhersteller unter den deutschen Unternehmen konstant die beste Reputation haben. Die Reputation verändert sich in der Regel nur sehr langfristig – sie ist die kommunikative „Bilanz" eines Unternehmens und weist nur geringe Unterschiede in einzelnen Zielgruppen auf.

Als Industriegüterunternehmen ohne eigene Endkundenprodukte hat ThyssenKrupp eine schlechtere Ausgangsbasis als die konsumentennäheren Unternehmen des DAX. Gegenwärtig rangiert ThyssenKrupp mit seiner Reputation im Mittelfeld des DAX 30 – mit steigender Tendenz. Eine anhaltende Verbesserung der Reputation ist jedoch nötig, um die Attraktivität des Konzerns zum Beispiel beim Ingenieurnachwuchs weiter zu steigern. Ein ähnliches Bild ergibt die Bewertung der Unternehmen durch Führungskräfte der Wirtschaft – je besser die Reputation, desto höher die Attraktivität für Spitzenpersonal. Auch die Financial Community berücksichtigt in ihrer Bewertung neben den harten Zahlen zunehmend weiche Faktoren wie das Image des Topmanagements. Für die Wertentwicklung von ThyssenKrupp ist das Management der Reputation daher von ebenso großer Bedeutung wie das Management von Finanz- und Humankapital, von Innovation und Wissen.

> DIE EINMALIGE CHANCE, KULTUR UND IMAGE NEU ZU GESTALTEN

Die Unternehmenskommunikation von ThyssenKrupp ist von einer weiteren Besonderheit gekennzeichnet: der extrem hohen Veränderungsdynamik des Konzerns. Aktives Portfoliomanagement und globale Expansion, aber auch das immer schnellere Tempo der technischen Innovationen sind permanente Herausforderungen für das Management und für die Kommunikation gleichermaßen. Bald nach der Fusion im Jahr 1999 zeigte sich, dass die Dynamik des neuen Konzerns einerseits und das traditionsgeprägte Image der Namen Thyssen und Krupp andererseits immer weniger kongruent waren. Umfassende Marktforschung bei Analysten, Anlageberatern, Aktionären, Führungskräften und Mitarbeitern zeigte die entscheidenden Handlungsfelder auf: Erneuerung des überkommenen Markenimages sowie Beseitigung von Informationsdefiziten. Mindestens ebenso wichtig war die Steigerung der Identifikation der Mitarbeiter mit dem neuen Konzern

HOHE GLAUBWÜRDIGKEIT MIT SYMPATHISCHER NOTE

ThyssenKrupp, denn dies war ein elementarer Bestandteil des Integrationsprozesses. Die Fusion war aber nicht nur eine enorme Herausforderung, sondern bot auch die einmalige Chance, Unternehmenskultur und Image neu zu gestalten – einerseits mit Bekenntnis zu den historischen Wurzeln, andererseits als zukunftsorientiertes, modernes Technologieunternehmen.

Umsetzung einer integrierten Kommunikationsstrategie

ThyssenKrupp beschloss Ende 2000 die Umsetzung einer mittelfristig angelegten Kommunikationsoffensive, die seitdem stetig an Dynamik gewonnen hat. Sie richtet sich einerseits an Kunden, Meinungsbildner und Multiplikatoren, andererseits auch an die Mitarbeiter. Als börsennotierter Technologiekonzern legt ThyssenKrupp besonderen Wert auf die Financial Community. Auch der Hochschulnachwuchs bei Ingenieur- und Wirtschaftswissenschaften ist eine wichtige Zielgruppe. Die Kommunikationsoffensive umfasst folglich ein breites Spektrum: Imagekampagne, Pressearbeit, Investor-Relations, interne Kommunikation, Personalmarketing, Sponsoring, Corporate Design und Onlinekommunikation.

Neue Wege in der kreativen Umsetzung

Um einen konsistenten Auftritt herzustellen, wurden neue Spielregeln für eine One-Voice-Policy, das Corporate Branding und den Außenauftritt der Konzernunternehmen aufgestellt. Gleichzeitig wurden die Eckpunkte eines neuen Leitbilds für die Unternehmenskommunikation von ThyssenKrupp fixiert: Weg von der Produkt- und Techniklastigkeit, die bisher im Industriegüterbereich üblich war. Stattdessen hin zu erlebbaren Leistungen, zum Nutzen für den Menschen, zur persönlichen, authentischen, mitarbeiterbezogenen Darstellung. Technologiekompetenz ist nach wie vor ein wichtiger Faktor, doch wird sie nun im Interesse der Anschaulichkeit und Glaubwürdigkeit über die Menschen vermittelt, die dahinter stehen. Auf dieser Basis wurde schließlich der Marken-Claim formuliert: ThyssenKrupp. Wir entwickeln die Zukunft für Sie.

„Meine Mama macht für Häuser eine Haut aus Stahl." Dieses Motiv unserer Imagewerbung zeigt die neunjährige Jessica vor dem mit 20 Tonnen Edelstahl von ThyssenKrupp Nirosta verkleideten Gehry-Bau im Düsseldorfer Hafen. Voller Stolz erzählt sie von der Arbeit ihrer Mutter Andrea Sternke, die als Maschinenbauingenieurin in dem Werk arbeitet, das den glänzenden Werkstoff geliefert hat. Und Jessica Sternke ist nicht die einzige: Rund 100 Kinder von Mitarbeitern haben in den vergangenen drei Jahren an der Imagekampagne von ThyssenKrupp mitgewirkt. Mit einer Serie

Die Imagekampagne als gelebte Unternehmenskultur: PUR-Sänger Hartmut Engler mit Kampagnenkindern.

Das Prinzip Authentizität: Ausschließlich Mitarbeiter und ihre Familien repräsentieren die Leistungen und die Kultur des Konzerns. Rund 100 Kinder von Mitarbeitern haben in den vergangenen drei Jahren an der Imagekampagne mitgewirkt.

von bisher zehn TV-Spots und 17 Anzeigenmotiven zeigen wir ThyssenKrupp aus einem überraschend neuen Blickwinkel und laden die Öffentlichkeit ein, den Konzern neu zu entdecken. Die vielen positiven Reaktionen auf die Kampagne zeigen, dass die Verbindung von Mitarbeiterkindern mit ThyssenKrupp-Produkten eine gelungene Kombination ist. In einem Werbeeffizienztest bestätigten 92 Prozent der Befragten, dass die Verbesserung des Markenimages mit der Kampagne gut gelungen sei.

Eine weitere wesentliche Aufgabe der Imagekampagne ist es, in den jungen Konzern hineinzuwirken, um das Zusammengehörigkeitsgefühl unter den Mitarbeitern zu stärken. Dies wird durch die „Helden" der Kampagne – die Mitarbeiterkinder – auf ganz natürliche Art erreicht. Dabei ist die Imagekampagne nur die Spitze des Eisbergs, denn gleichzeitig wurde die gesamte Unternehmenskommunikation neu ausgerichtet: Ausschließlich authentische Mitarbeiter und ihre Familien repräsentieren die Leistungen und die Kultur des Konzerns. Auf diese Art wurden interne und externe Kommunikation auf eine gemeinsame Basis gestellt. In der Mitarbeiterzeitung von ThyssenKrupp werden die Kampagnenkinder und ihre Eltern regelmäßig portraitiert. Auch in den Geschäftsberichten kommen die Eltern der Kampagnenkinder immer wieder zu Wort. Das seit Ende 2002 erscheinende ThyssenKrupp Magazin hat die Aufgabe, die vielen Innovationen und die hohe technologische Kompetenz von ThyssenKrupp in die Öffentlichkeit zu tragen sowie zu wichtigen gesellschaftlichen Fragen Stellung zu beziehen. Aufhänger der Storys sind wiederum die verantwortlichen Mitarbeiter, was dem Magazin eine hohe Glaubwürdigkeit und den technischen Inhalten eine menschliche, sympathische Note verleiht.

Events machen den Konzern erlebbar

Eine weitere Besonderheit der ThyssenKrupp-Kommunikation sind perfekt inszenierte Events für Mitarbeiter und Freunde des Hauses – zum Beispiel ein Exklusivkonzert von PUR für ThyssenKrupp-Mitarbeiter, das als Höhepunkt der internen Kommunikation im November 2001 in der Dortmunder Westfalenhalle stattfand. Spätestens seit diesem Ereignis ist „Abenteuerland" – der Song, der die ThyssenKrupp-Werbespots musikalisch untermalt – die inoffizielle Hymne von ThyssenKrupp, ist die Imagekampagne gelebte Unternehmenskultur. 2003 begleitete der Konzern alle Konzerte der PUR-Hallentournee. Auch hier gehen wir weit über das herkömmliche Logo-Presenting hinaus und setzen auf die direkte Begegnung mit Menschen: In einem Filmzuspieler wird unter anderem gezeigt, wie PUR-Sänger Hartmut Engler und Kampagnenkind Jessica Sternke bei gemeinsamen Fotoaufnahmen für die Mitarbeiterzeitung über ihre Schulnoten reden – auf diese Art wird sogar die interne Kommunikation von ThyssenKrupp zum sympathischen Botschafter eines neuen Selbstverständnisses. Bei den gemeinsamen After-Show-Partys von ThyssenKrupp treffen Popstars, Kunden, Mitarbeiter und ihre Familien dann ganz selbstverständlich und ohne alle Vorbehalte aufeinander. Dieses familiäre Gefühl ist für einen Konzern unserer Größe besonders wertvoll und wird in der Kommunikation auch bewusst gepflegt.

Integrierte Kommunikation mit dem Kapital- und Medienmarkt

Die Geschäfts- und Quartalsberichte setzen das Prinzip Authentizität auf eine andere Art um. Es ist die ungekünstelte Darstellung der realen Arbeitswelt, die dem Konzern ein Gesicht verleiht. Hier sprechen wir nicht nur über Zahlen, sondern bringen auch die Haltung der Menschen, die bei uns arbeiten, zum Ausdruck – aber auch die Erwartungen der Anspruchsgruppen, denen wir uns zum Dialog stellen. Bei ThyssenKrupp betrachten wir den Geschäftsbericht nicht solitär, sondern als Flaggschiff einer integrierten Kommunikation mit dem Kapital- und Medienmarkt wie auch mit der Öffentlichkeit. Daher sind unsere Geschäftsberichte immer ein Ausdruck der unternehmerischen und kulturellen Entwicklung von ThyssenKrupp. Unsere letzten drei Berichte bilden eine Trilogie, die sich von Jahr zu Jahr weiterentwickelt hat. Mit diesem Konzept wurde der Konzern gleich zweimal – 2002 und 2003 – im Manager Magazin für den besten deutschen Geschäftsbericht ausgezeichnet. Unser neuer Annual Report, der im Dezember 2003 erschienen ist, eröffnet nun eine neue, wieder auf drei Jahre angelegte Linie. Auch der Internetauftritt, den wir ständig ausbauen, nimmt in zahlreichen Vergleichstests Spitzenplätze ein. Die stark zunehmende Nutzung unserer Website zeigt, welchen Stellenwert das Internet inzwischen im Dialog mit unseren Stakeholdern einnimmt: Die Zahl der aufgerufenen Seiten hat sich in den vergangenen drei Jahren verfünffacht.

Im Rahmen unserer Kommunikationsoffensive stehen die einzelnen Medien nicht nur für sich selbst, sondern sind verschiedene Facetten eines ganzheitlichen Auftritts. Sie beziehen sich aufeinander und inspirieren sich gegenseitig. Die alten Grenzen zwischen Werbung und PR, internen und externen Maßnahmen werden systematisch aufgelöst. Für diesen in hohem Maße eigenständigen und zukunftsweisenden Ansatz wurde die Kommunikationsoffensive von ThyssenKrupp im September 2003 im Rahmen des Deutschen PR-Preises von der DPRG ausgezeichnet.

Regelmäßige Marktforschungsstudien belegen zudem, dass sich die Wahrnehmung von ThyssenKrupp wie gewünscht ändert: Dominierte vor dem Kampagnenstart im März 2001 noch das Bild vom Stahlkocher mit mäßigen Zukunftsperspektiven, so bescheinigen inzwischen immer mehr Befragte dem Konzern eine hohe Innovationskraft, gute Erfolgschancen auf Zukunftsmärkten und eine gute Eigendarstellung in der Öffentlichkeit. Eine Studie von TNS Emnid vom November 2003 bestätigt den erfolgreichen Imagewandel: „Das Image von ThyssenKrupp hat sich ausnehmend positiv entwickelt. Die Kampagne verbesserte das Image nachweislich. Auch und gerade an strategischen Schwachstellen.“

HOCHWERTIGE INNOVATIONEN UND SYSTEMLÖSUNGEN AUF DER BASIS EINER STARKEN MARKE

Wertschöpfung

Dass ein sympathisches Image und eine attraktive Unternehmenskultur die Attraktivität von ThyssenKrupp gerade auch bei Hochschulabsolventen positiv beeinflussen, belegen die Zahlen des Trendence-Absolventenbarometers. Unter den Toparbeitgebern bei den Engineering-Studenten hat sich ThyssenKrupp 2002 im Vergleich zum Jahr 2000 um 16 Positionen verbessert; bei den Studenten der Wirtschaftswissenschaften kletterten wir um 18 Positionen nach oben.

Inzwischen trägt die Kampagne auch international Früchte. Unser Imagefilm zum Beispiel wird von unseren Vertriebsleuten im Ausland häufig auf Kundenterminen eingesetzt, aber auch für interne Zwecke. Sie sind stolz darauf, ThyssenKrupp auf diese Art präsentieren zu können. Unsere Kommunikation entfaltet eine große integrative Wirkung, weil die Idee „Kinder von Mitarbeitern + Hightech = Zukunft made by ThyssenKrupp" in der ganzen Welt gleich gut funktioniert. In Korea zum Beispiel, wo wir gerade ein großes Aufzugsunternehmen übernommen haben, wird unser Auftritt äußerst positiv aufgenommen, da die Familie hier einen extrem hohen kulturellen Stellenwert hat.

Ausblick

Das Thema der Markenführung wird gerade im Investitionsgüterbereich immer wichtiger, denn hochwertige Innovationen und Systemlösungen lassen sich auf der Basis einer starken Marke besser vermarkten. Gemeinsam mit den Segmenten und den Konzernunternehmen entwickeln wir daher eine Marken- und Marketingkaskade für den Konzern, mit der sich die Investitionen in den Markenaufbau systematisch steuern lassen. ThyssenKrupp hat das Potenzial, eine der weltweit stärksten Marken im Industriegüterbereich zu werden. Dieses Potenzial wollen wir im Rahmen unserer Unternehmenskommunikation systematisch erschließen.

Zur Erreichung unserer Ziele setzen wir konsequent auf die integrierte Kommunikation. Die Beziehungen von ThyssenKrupp zu seinen Stakeholdern werden immer komplexer. Neben den eigentlichen Zielgruppen haben wir es mit einer großen Anzahl von Mittlern zu tun, zum Beispiel mit Journalisten, Analysten, Verbänden und Lobbyisten. Damit wir unsere Strategie in Reputation „übersetzen" können, müssen wir die verschiedenen Kommunikationsinstrumente konsequent integrieren. Das heißt: Unsere Kernprozesse Media-Relations, Internal Relations und Political Relations werden eng koordiniert mit den Investor-Relations, dem Personalmarketing sowie der Marketingkommunikation der operativen Gesellschaften.

In Zukunft wird die Imagekampagne weiterhin eine wichtige Rolle als Motor der Imageverbesserung übernehmen. Allerdings lassen sich die vielen erklärungsbedürftigen Themen von ThyssenKrupp in der Imagekampagne naturgemäß nur sehr verkürzt darstellen. Daher wird die Rolle der Informationsmedien und der Public Relations im Kommunikationsmix weiter ausgebaut. Zudem werden publikumswirksame Veranstaltungen im Bereich Technik und Innovation einen immer bedeutenderen Stellenwert einnehmen. So wird sich ThyssenKrupp im Rahmen des vom Bundesministerium für Bildung und Forschung initiierten Jahres der Technik 2004 an zahlreichen Veranstaltungen beteiligen beziehungsweise zahlreiche eigene Veranstaltungen organisieren, um den Konzern erlebbar zu machen. <

ALTANA AG

„THINK ON"

Auf dem Weg zur **globalen** Marke

VON THOMAS GAULY

CORPORATE BRANDING

> Die ALTANA AG ist ein noch relativ junges Unternehmen. Es war in der Öffentlichkeit mehr oder weniger unbekannt – und das war auch so gewollt: Bis Ende der Neunzigerjahre arbeitete man auf Wunsch des Mehrheitseigentümers, der Familie Quandt, erfolgreich im Verborgenen. Erst Ende der Neunzigerjahre wagte die ALTANA AG, ein Vierteljahrhundert nach ihrer Gründung, das kommunikative Coming-out. Der Sprung in die Öffentlichkeit legte die Grundlage für den Aufbau der Marke ALTANA.

Integrale und integrierte Kommunikation

Um ihr Unternehmen und ihre Marke erfolgreich in der Öffentlichkeit zu positionieren, bedienen sich immer mehr Konzerne der Strategie der integralen beziehungsweise integrierten Unternehmenskommunikation. *Integrale Kommunikation* begreift Kommunikation dabei grundsätzlich als strategischen Bestandteil unternehmerischen Handelns. Die Definition kommunikativer Ziele aus den gesamtheitlichen Unternehmenszielen einerseits und die Einbindung kommunikativer Aktivitäten unmittelbar in das operative Management andererseits bilden die Schlüsselfaktoren. In der *integrierten Unternehmenskommunikation* sind alle wesentlichen Bereiche, die mit Kommunikation zu tun haben, unter einem Dach organisiert. Bei der ALTANA AG umfasst dies alle Bereiche von Media-Relations, über Interne Kommunikation, Investor-Relations und Corporate Image bis zu Publications. Damit sind ein Hand-in-Hand-Arbeiten und eine einheitliche und schnelle Kommunikation im Sinne einer „One-Voice-Policy" gegenüber allen relevanten Zielgruppen möglich.

Grundlage: das neue Leitbild

Grundlage für alle Kommunikationsmaßnahmen war das neu entwickelte Leitbild. Hierin wurden das Selbstverständnis und die Unternehmenskultur der ALTANA AG erstmalig niedergeschrieben und den Mitarbeitern somit eine Orientierungshilfe bei der Identitätsfindung an die Hand gegeben. Verantwortung gegenüber Mensch und Natur, Fairness und Toleranz, Transparenz und Qualitätsanspruch sind die Werte, die das Leitbild entscheidend prägen. Nachhaltiges Wachstum, Internationalisierung und Innovation sind die angestrebten Ziele. Um diese Ziele zu erreichen, gehören langfristiges Denken, verantwortliches Handeln sowie qualifizierte und motivierte Mitarbeiter zur Strategie des Leitbildes.

Für das Etablieren des Namens ALTANA als Marke hatte das Unternehmen zunächst eine schwierige Ausgangslage: Da keines der zugehörigen Unternehmen den Namen des Konzerns trug, wurden jahrzehntelang Werte geschaffen, die in der Kommunikation – intern wie extern – nicht gebündelt und somit nur eingeschränkt genutzt werden konnten. Wesentlich für den Brandingprozess war neben dem Leitbild daher die Modernisierung der Konzernstruktur im Mai 2002, in deren Zug der Name ALTANA zur Dachmarke wurde.

Der Unternehmensbereich Pharma, ehemals Byk Gulden, firmierte fortan weltweit unter ALTANA Pharma. Der Unternehmensbereich Chemie wird nicht mehr von BYK-Chemie, sondern durch eine Zwischenholding ALTANA Chemie geführt. Darunter agieren heute drei Business-Units, deren Produktpalette Additive, Speziallacke, Dichtungs- und Vergussmassen, Elektroisoliermaterial, Imprägniermittel sowie Prüf- und Messinstrumente umfasst. Die Führungsgesellschaften der beiden Unternehmensbe-

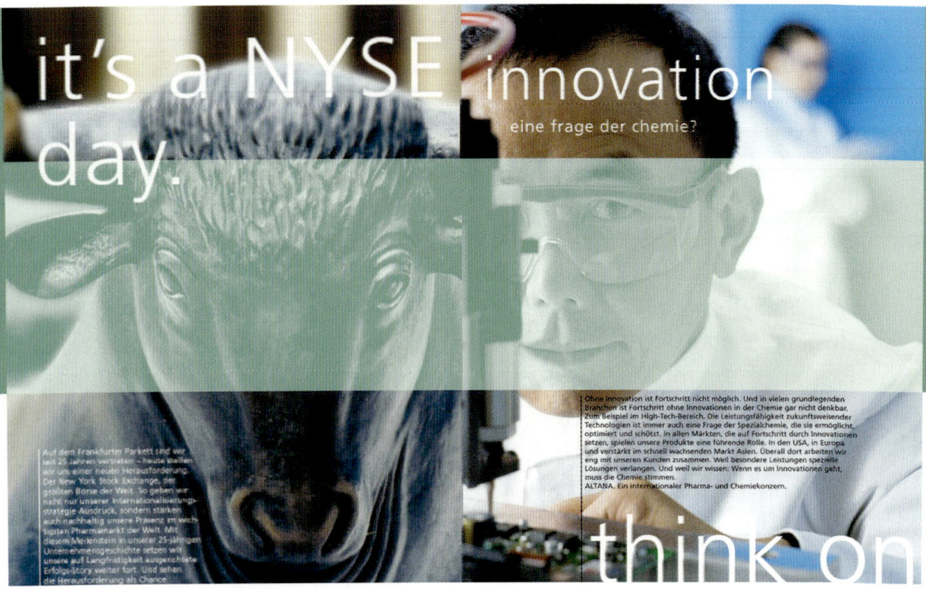

Die Imagekampagne „think on" thematisiert seit Mai 2002 Unternehmenswerte von ALTANA.

reiche Pharma und Chemie wurden in Aktiengesellschaften umgewandelt und die ALTANA AG in den DAX 30 aufgenommen.

Corporate Design

Die veränderte Konzernstruktur wurde gleichzeitig mit einem neuen Corporate Design unterstrichen. Dabei stellt das neu gestaltete ALTANA-Logo das Hauptelement dar. Es setzt sich aus dem Signet und der Wortmarke ALTANA zusammen. Bei der Weiterentwicklung des Logos wurde bewusst auf revolutionäre Elemente verzichtet, um die Brücke zum traditionell Gewachsenen zu schlagen. Dennoch lassen die Rundungen und die Farbe Blau das Logo insgesamt dynamisch und frisch wirken.

Das neue Corporate Design wurde unternehmensweit angewandt. Insbesondere für die Identifikation der Mitarbeiter mit der „neuen" ALTANA spielte es eine Schlüsselrolle. Vereinheitlicht wurden auch die Internetauftritte der Tochtergesellschaften. Existierten zunächst unabhängige Einzelauftritte, die lediglich mit entsprechenden Links verbunden waren, entstand nun unter einem gemeinsamen Dach ein – auch im Design – einheitlicher Auftritt.

Langfristiges Denken ist eine Kernbotschaft, die in der internationalen ALTANA Imagekampagne „think on" transportiert wird. Seit Mai 2002 werden in allen führenden Printmedien mit Schwerpunkt in Deutschland, aber auch in Europa und den USA, Imageanzeigen geschaltet. Thematisiert werden die Unternehmenswerte von ALTANA wie Erfolg, Verantwortung, Internationalität, Innovation, Kultur oder Toleranz.

Imagekampagne „think on"

„think on" heißt auch das halbjährlich erscheinende Konzernmagazin. Es richtet sich sowohl an interne als auch an externe Zielgruppen und erscheint in deutscher und englischer Sprache. Das jeweilige Schwerpunktthema greift einen der Unternehmenswerte aus der Imagekampagne auf

oder beschäftigt sich mit einem grundlegenden gesellschaftlichen Thema. Die Beiträge werden von externen Experten verfasst und mit Berichten zu ALTANA-spezifischen aktuellen Projekten ergänzt. Insbesondere für den Prozess der Markenbildung in der Öffentlichkeit übernimmt das Konzernmagazin eine wichtige Aufgabe innerhalb der Gesamtkommunikationsstrategie.

Big Bang Mai 2002

Start für alle Kommunikationsmaßnahmen war die Hauptversammlung der Gesellschaft im Mai 2002. An diesem Tag wurden weltweit das neue Corporate Design eingeführt, die neuen Internetauftritte freigeschaltet und die Motive der Imagekampagne in allen führenden nationalen und internationalen Printtiteln veröffentlicht. Höhepunkt war die „ALTANA Global Classics", eine zum 25-jährigen Firmenjubiläum weltweit angelegte Konzerttournee mit den Münchner Symphonikern und dem Münchner Motetten-Chor. Das Programm reflektierte die wachsende Internationalisierung und das kulturelle Engagement als Good Corporate Citizen und führte durch alle Kontinente, in denen der Konzern operativ tätig ist. Das Auftaktevent fand in der Alten Oper in Frankfurt statt, ehe die Tournee in São Paulo, New York, Mexico City und Schanghai fortgesetzt wurde. Über 9.000 Mitarbeiter, Kunden, Gäste und Freunde des Unternehmens kamen so in den Genuss des auf jedes Land abgestimmten Konzertprogramms. Ergänzt wurden die Konzerte mit Managementmeetings, bei denen rund 2.000 Mitarbeiter zu „Botschaftern der neuen ALTANA" gemacht wurden.

Mit der Internationalisierungsstrategie des Konzerns und der Financial Community als einer wichtigen Zielgruppe für die Etablierung der Marke ALTANA war das Listing des Unternehmens an der New York Stock Exchange (NYSE) ein weiterer Schritt. Das Listing an der NYSE Ende Mai 2002 erhöht nicht nur die Visibility des Unternehmens, sondern erleichtert gleichzeitig durch die

Auftaktevent der „ALTANA Global Classics" in der Alten Oper in Frankfurt. Fotos ALTANA AG

Gewährung von Aktienoptionen das Rekrutieren hoch qualifizierter Fach- und Führungskräfte insbesondere für die Forschung in den USA.

Seit dem Beginn des kommunikativen Coming-outs im Jahr 2002 konnte der Konzern sein Image klar stärken und seine Marke profilieren. Zwar ist ALTANA nach wie vor kein Unternehmen, das in der breiten Öffentlichkeit stark präsent ist. Die Positionierung als hochwertiges Qualitätsunternehmen ist in den angesprochenen Zielgruppen jedoch gelungen.

Die strategische Ausrichtung und der Kurs in die Zukunft sind klar: ALTANA verfolgt den Weg eines forschungsgetriebenen, international aufgestellten Unternehmens, um den Märkten weiterhin innovative Produkte anbieten zu können. Hier zahlt sich das Denken in langfristigen Zyklen aus – das gilt in gleichem Maße für die Kommunikation, die weiterhin integraler Bestandteil der Unternehmensstrategie sein wird, bis man auch international von der Premiummarke ALTANA sprechen darf. <

BASF AKTIENGESELLSCHAFT

„BASF 2015"

Farbiges Zeichen für den **Aufbruch** in die Zukunft

VON MATTHIAS HENSEL

CORPORATE BRANDING

> BASF verändert Logo und führt Unternehmensfarben ein – das allein wäre kein Anlass für einen Beitrag in der ersten Ausgabe des neuen Branchenmagazins >kommunikationsmanager. Vor allem aber wäre es schlecht investiertes Geld. Doch die BASF wäre kein weltweit führendes Chemieunternehmen, wenn sie Investitionen schlecht planen würde. Der seit Mitte März 2004 gültige neue Auftritt des Unternehmens ist denn in Wahrheit mehr, nämlich der sichtbare Ausdruck und ein Symbol der weiterentwickelten Strategie des Unternehmens. Mit dem Corporate Branding wird die Marke BASF im neuen Erscheinungsbild so positioniert, wie es der Strategie „BASF 2015" entspricht – als eine perfekte Kombination aus Bewährtem und Neuem.

Was können wir besser machen?

Was kann die BASF in Zukunft besser machen, was muss sie besser machen? Mit dieser Frage hat sich das Führungsteam über Monate intensiv beschäftigt. Dabei wurden Rahmenbedingen analysiert und die bisherige Strategie auf den Prüfstand gestellt. Die Antwort: „Wir können stolz sein auf das, was wir erreicht haben. Uns ist es wie kaum einem anderen Unternehmen gelungen, unsere Position entlang der gesamten chemischen Wertschöpfungskette wertsteigernd auszubauen." „Aber", so Dr. Jürgen Hambrecht, Vorstandsvorsitzender der BASF Aktiengesellschaft, „wir dürfen uns nichts vormachen: Der Wind in der gesamten Chemiebranche ist rauer geworden. Wo es früher genügte, Marktanteile zu halten, um zu wachsen, müssen wir heute und morgen den anderen Marktanteile abnehmen."

Der Weg in die Zukunft erhielt einen Namen: BASF 2015. Vier strategische Leitlinien wurden dafür entwickelt: Wir verdienen eine Prämie auf unsere Kapitalkosten. / Wir helfen unseren Kunden, erfolgreicher zu sein. / Wir bilden das beste Team in der Branche. / Wir wirtschaften nachhaltig für eine lebenswerte Zukunft.

Der Umsetzung dieser Leitlinien im Unternehmen und der symbolhaften Darstellung des Wandels gegenüber den relevanten Zielgruppen dient der neue Auftritt. Parallel dazu wurde für jede Leitlinie ein Themenpate aus dem Vorstand benannt, der die gegebenenfalls notwendigen Veränderungen im Unternehmen vorantreibt. Ziel ist dabei, dass jede Lebensäußerung des Unternehmens der Markenpositionierung entspricht: „Die BASF will erlebt werden als das führende Unternehmen der chemischen Industrie, das gemeinsam mit seinen Partnern zukünftige Erfolgspotenziale erschließt. Hierzu pflegt und entwickelt die BASF Partnerschaften, die von Vertrauen und gegenseitigem Respekt gekennzeichnet sind. Mit intelligenten Lösungen trägt die BASF dazu bei, die Zukunft erfolgreich und nachhaltig zu gestalten."

Das Branding wirkt sich auch auf die Kommunikationsinhalte aus: Sie müssen noch konsistenter werden und sich an der neuen, an BASF 2015 ausgerichteten Positionierung orientieren. Nur wenn der Inhalt stimmt, macht das neue Erscheinungsbild Sinn. Dabei baut die BASF auf ein bereits seit Jahren eingespieltes und gemeinsam weiterentwickeltes „Communications Network" auf, in das alle Kommunikationsfachleute weltweit eingebunden sind – gleich, ob für eine Gesellschaft, eine Region, einen Produktionsstandort oder die Marktkommunikation zuständig. Im so genannten Framework sind neben Mission und Vision dieser Community auch konkrete Rollen, Zuständigkeiten und Abstimmungswege bis hin zur Personaauswahl und Leistungsbeurteilung beschrieben.

Grundlage für die Kommunikationsplanung ist ein jährlich neu mit dem Vorstand vereinbarter Themenfahrplan.

Mit noch größerer Konsequenz wird künftig der Erfolg der Kommunikationsarbeit überprüft werden. Ein neu konzipiertes Brandmonitoring wird unter anderem mit Hilfe von Befragungen in wichtigen Ländern regelmäßig prüfen, ob sich die Wahrnehmung der BASF in relevanten Zielgruppen der angestrebten Positionierung nähert.

Neues Corporate Design von der Strategie bestimmt

Ab Mitte März 2004 präsentiert sich die BASF in modernerem Design. Wichtige Bestandteile des veränderten Erscheinungsbildes sind neue Unternehmensfarben und Gestaltungselemente sowie ein erweitertes Logo. Ein klares und unverwechselbares Gesicht der Marke BASF ist eine wichtige Voraussetzung dafür, um am Markt erfolgreich zu sein. Das neue Corporate Design macht das Unternehmen im Wettbewerb besser unterscheidbar. Es trägt dazu bei, die Bekanntheit und Wertschätzung der BASF bei wichtigen Zielgruppen zu steigern.

Verantwortlich für die Ausarbeitung des neuen Markenauftritts war ein internationales Team von Kommunikationsexperten unter Federführung der Zentralabteilung Unternehmenskommunikation im Rahmen eines Corporate-Branding-Projekts. Dabei wurde zunächst ermittelt, wie die BASF von ihren Zielgruppen gesehen wird. Durch Befragungen und Imagestudien in Asien, Europa, Nord- und Südamerika fanden die Kommunikateure heraus, dass das Wissen der Kunden, der Öffentlichkeit und selbst der Mitarbeiter über die BASF oft lückenhaft oder gar falsch war. So galt die BASF vielerorts immer noch als Kassettenhersteller, obwohl dieses Geschäft schon 1997 verkauft wurde. In Workshops mit Topführungskräften aus allen Regionen wurde dann auf Grundlage der Gruppenstrategie in enger Koordination mit der Zentralabteilung Strategische Planung ein Selbstverständnis entwickelt: die oben zitierte Markenpositionierung.

Auf Basis der Positionierung erarbeitete das Projektteam in Zusammenarbeit mit der Schweizer Agentur Interbrand und unterstützt durch die deutsche Agentur Hübner & Sturk das neue Erscheinungsbild der Marke BASF. Mitte 2003 wurden die verschiedenen Designvorschläge in Europa, Asien Nord- und Südamerika getestet. Dabei wurde beispielsweise darauf geachtet, dass die Farben in den verschiedenen Kulturen akzeptiert sind.

Die Grundelemente des neuen Erscheinungsbilds spiegeln das in der Positionierung beschriebene Selbstverständnis wider: Die Basis des Logos, die vier Buchstaben „BASF", sind geblieben – ein Zeichen für die Beständigkeit der Strategie, für langfristiges Denken und nachhaltigen Erfolg. Der Claim „The Chemical Company" macht deutlich, wer die BASF ist – weltweit führend, „die" Chemiefirma schlechthin.

Zwei sich ergänzende Quadrate wurden dem Logo hinzugefügt. Sie passen zueinander wie Schlüssel und Schloss und stehen symbolisch für das Leistungsangebot der BASF: intelligente Lösungen zum gemeinsamen Erfolg – partnerschaftlich mit Kunden, Mitarbeitern, Aktionären, Nachbarn und der Gesellschaft. Auch die neuen Unternehmensfarben haben eine Bedeutung. Mit sechs lebendigen Farben wird zum Ausdruck gebracht, dass die BASF ein vitales, dynamisches Unternehmen auf dem Weg in die Zukunft ist.

Ebenfalls wichtig war es, schon durch ein unverwechselbares Layout einen besseren Wiedererkennungseffekt zu erzielen. Hierzu dient ein farbiger Streifen mit einem

Quadrat, der ab jetzt Anzeigen und Plakate des Unternehmens prägen wird – die so genannte „BASF-Banderole". Sie steht für die Gemeinsamkeit im Verbund der BASF-Gruppe. Das neue Erscheinungsbild schafft eine größere Familienähnlichkeit innerhalb der gesamten BASF-Gruppe. Quer durch alle Unternehmensbereiche und Gruppengesellschaften werden zum Beispiel Kunden weltweit auf den ersten Blick erkennen können: Das ist die BASF.

Going-life: von Anstecknadeln bis Brandchampions

Verantwortlich für die weltweite Einführung des neuen Auftritts ist Corporate-Brand-Manager Hans Kiefer mit seinem Team. Das Interesse im Unternehmen an einer raschen Umsetzung ist riesengroß. Viele wollen so schnell wie möglich beginnen. Wichtigstes Informationsmedium neben zahlreichen Präsentationen der Projektgruppe ist das „Brandweb", eine Intranetseite, auf der sich alle Mitarbeiter über das neue Erscheinungsbild und die Gestaltungselemente informieren können und die fast täglich aktualisiert wird. Daneben gibt es zahlreiche weitere Aktivitäten, die den neuen BASF-Auftritt begleiten. Bereits seit Mitte Dezember informiert eine gruppenweite Wanderausstellung über den neuen BASF-Auftritt. Plakate und Informationstafeln zeigen das neu gestaltete Erscheinungsbild. Zurzeit ist die Ausstellung in Brasilien, Argentinien, USA und Kanada, Japan und China zu sehen.

Als „Renner" haben sich die Fahnen in den sechs Unternehmensfarben mit neuem BASF-Logo entpuppt. Diese werden ab Mitte März rund um den Globus, so zum Beispiel in Singapur und auf den Philippinen, in den USA und Kanada, in Großbritannien, Schweden und Finnland, in Spanien, Belgien und der Schweiz, zu sehen sein. Mit

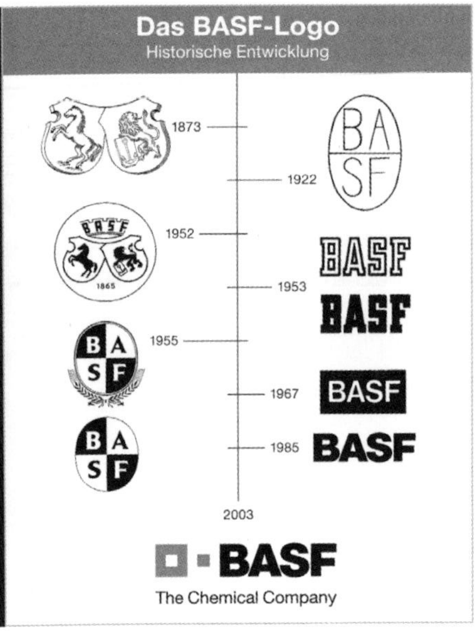

neuem Logo erscheinen auch viele Gebäude. Kleine Aufmerksamkeiten gibt es zur Einführung des neuen Logos für alle BASF-Mitarbeiter weltweit: Sie erhalten in den nächsten Wochen Anstecknadeln mit dem neuen BASF-Logo. In einzelnen Ländern gibt es zusätzlich noch einige Extras, wie Logopartys, Baseballkappen oder Mousepads. Mitarbeiter in Japan, Kolumbien und Argentinien können ein T-Shirt mit dem neuen Logo tragen, in Amerika kommen passende Bildschirmschoner zum Einsatz.

Corporate Design mit neuem BASF-Logo

Für die nachhaltige Umsetzung sorgen so genannte Brandchampions, die für jeden Unternehmensbereich und jede Region eingesetzt wurden. Weltweit sind über 40 dieser Experten im Einsatz. Sie sind als Ansprechpartner vor Ort für die künftige Gestaltung des BASF-Auftritts bei allen Veröffentlichungen ihrer jeweiligen Einheiten verantwortlich.

Alle Kommunikationsmittel – angefangen vom Briefpapier, über den Internetauftritt bis zu Schildern und Beschriftungen – erhalten ein neues Gesicht: Um über alle Kommunikationsmittel hinweg dennoch ein einheitliches Erscheinungsbild zu gewährleisten, wurden einige verbindliche Designregeln aufgestellt. Sie gelten für sämtliche Geschäftspapiere wie Briefbögen und Visitenkarten, für alle Printmedien, aber auch für elektronische Medien wie Internet und Intranet und für die Präsentationsgrafik. Auch die Schilder und Beschriftungen unterliegen diesen Regeln. Die Umstellung der Kommunikationsmittel erfolgt mit unterschiedlichen Prioritäten bis Ende 2005.

Nicht so lange warten muss man auf die neue Kampagne der Unternehmenswerbung. Sie ist derzeit im Pretest und soll im Laufe des April in Europa auf den Markt kommen und Zeichen setzen – für den Aufbruch in die Zukunft. <

LANXESS AG

Wie ein Weltunternehmen sein Entstehen kommuniziert – und damit neue Werte schafft

Neustart zur globalen Unternehmensmarke

Von Christoph Sieder

CORPORATE BRANDING

> Die Abspaltung der LANXESS AG von der Bayer AG Anfang dieses Jahres markierte den größten Spin-off der deutschen Industrie. Das neue Unternehmen trat mit großen Belastungen und hohem Sanierungsbedarf an. Um überhaupt am Markt nachhaltig bestehen zu können, mussten nicht nur die Unabhängigkeit und der Börsengang glücken – vielmehr mussten für ein im Wettbewerb damals noch weit abgeschlagenes und unbekanntes Unternehmen Identität, Akzeptanz und Glaubwürdigkeit geschaffen werden. Je weiter die Entstehung des drittgrößten deutschen reinen Chemiekonzerns voranschritt, desto mehr rückte das Kommunikationsmanagement in den Brennpunkt. Die schnelle, präzise und umfassende Leistung einer neu zu definierenden Gesamtkommunikation war von Anfang an zentraler Erfolgsfaktor für das neue Unternehmen.

Entscheidung zur Abspaltung

Im November 2003 fasste die Bayer AG als letzter in einer Reihe großer europäischer Chemie- und Pharmakonzerne den Entschluss, ihre Chemie- und Kunststoffsparten als eigenständiges Unternehmen an die Börse zu bringen. Der Zeitplan war sehr ambitioniert: Der Börsengang – und damit die völlige rechtliche und organisatorische Unabhängigkeit von Bayer – sollte bereits ein gutes Jahr später stattfinden, nämlich im Januar 2005. Unter dem Arbeitstitel „NewCo" waren bereits im März weltweit die Verantwortungsbereiche einzelnen Führungskräften zugeordnet worden, im Juli wurde der Vorstand berufen, und das neue Unternehmen begann unter dem neuen Namen zu arbeiten.

Das neue Chemieunternehmen mit weltweiten Aktivitäten basierte auf den historischen Wurzeln des Bayer-Konzerns. Aber gerade der Chemiebereich war über eine lange Zeit nicht mehr im Fokus des Managements gewesen. Die vier neu definierten Bereiche Performance Rubber, Engineering Plastics, Chemical Intermediates und Performance Chemicals gehören zum weit überwiegenden Teil zum reifen Massengeschäft der Chemie, das von globalem und stetig verschärftem Wettbewerb, von Überkapazitäten, Personalüberhang und geringen Margen gekennzeichnet ist. Das Unternehmen ging mit einem Schuldenstand von 1,5 Milliarden Euro an den Start. Ein Drittel des Geschäfts war defizitär und das Unternehmen im Margenvergleich das Schlusslicht der europäischen Großchemie. „NewCo" – mit weltweit 20.000 Mitarbeitern, die Hälfte davon in Deutschland – galt als Sanierungsfall und wurde schnell von einigen Kapitalmarktvertretern als „CrapCo", als Schrottladen, abqualifiziert.

Entscheidend für die Handlungsfähigkeit des neuen Managements unter der Führung von Axel C. Heitmann waren nicht nur eine klare und Erfolg versprechende Strategie, sondern vor allem das Vertrauen und die Zuversicht der wichtigsten Teilöffentlichkeiten, vor allem der Mitarbeiter, der Kunden, des Kapitalmarkts und der nationalen und internationalen Medien. Diese Zuversicht angesichts der Unbekanntheit und der unsicheren Zukunftsaussichten des Unternehmens in Rekordzeit zu schaffen – nichts Geringeres war die Herausforderung der Unternehmenskommunikation.

360-Grad-Kommunikation

Die spätere Entwicklung, Bewertung und vor allem das inzwischen messbare Ansehen des Unternehmens zeigen, welch zentrale Bedeutung der Kommunikation in diesem Fall zuwachsen konnte – und musste. Progressiv war vor allem die Positionierung des

Vorstandsvorsitzenden Axel C. Heitmann als Unternehmensführer einer neuen Generation: offen, verantwortungsvoll, uneitel, leidenschaftlich zum Erfolg entschlossen und ausschließlich an der Sache orientiert. Heitmann hatte sich vorher in internationalen Aufbau- und Sanierungsaufgaben bewährt. Doch nur als Teil einer integrierten und innovativen Gesamtkommunikation konnte das Management erfolgreich positioniert werden.

Die Mitarbeiter kamen aus dem stabilen Umfeld der Bayer-Familie und fanden sich auf einmal in einem unbekannten Unternehmen wieder, noch ohne Profil und vor allem ohne das größte Versprechen, das ein Unternehmen zu machen hat: eine klare und positiv besetzte Marke.

Vor diesem Hintergrund war klar, dass eine 360-Grad-Kommunikation unabdingbar war. Eine zentrale Voraussetzung für die Erfolgsaussichten des Projekts war daher die Bündelung aller kommunikativen Kompetenzen in einer Verantwortung: CEO und Executive Communications, Media-Relations, Financial Communications, Technical and Product-Communications, Internal Communications, Strategic Communications, Crisis-Communications und Brand-Communications.

Spin-off-Kommunikation

In der Pre-Spin-off-Phase zwischen November 2003 und Ende 2004 galt es, sämtliche notwendigen Maßnahmen für die Funktionsfähigkeit der Unternehmenskommunikation sowie für einen eigenständigen Marktauftritt einzuleiten.

Eine besondere Herausforderung bestand in dem äußerst knapp bemessenen Zeitfenster für die externe Kommunikation: Diese konnte nur in den weniger als sechs Wochen zwischen dem offiziellen Abspaltungsbeschluss der außerordentlichen Bayer-Hauptversammlung im November 2004 und dem Spin-off im Januar 2005 getätigt werden. Besonders erschwerend kam hinzu, dass man sich dabei nicht auf eine weltweit funktionierende Kommunikationsabteilung verlassen konnte, diese konnte erst nach dem Spin-off aufgebaut werden.

Um die Abspaltung nicht durch unkontrollierte Wahrnehmung zu gefährden, galt es, die Kommunikation schnellstens und weltweit zu steuern und zu koordinieren. In dieser Phase lag der Fokus auf wenigen, aber entscheidenden Stakeholdern: Mitarbeitern, Kunden, Investoren und Analysten. Erst später erfolgte eine breitere Ansprache.

Der Spin-off konstituierte einen erheblichen Change-Prozess; eine effektive Kommunikation wurde daher zum zentralen Bestandteil des gesamten Managementprozesses, der die notwendige Stabilität zusätzlich unterstützte. Optimale Spin-off-Kommunikation hieß schon in der Pre-Spin-off-Phase: Akzeptanz der Abspaltung als solcher und Verständnis für den zukünftigen Unternehmenskurs, ruhige Weiterführung des Tagesgeschäfts, konstruktive Reaktionen aus der Belegschaft und Schaffung eines konstruktiv-kritischen Verhältnisses zur Arbeitnehmervertretung.

Für die Kommunikation bedeutete dies: schnelle Festlegung der zentralen Unternehmensbotschaften, Gewährleistung weltweit disziplinierter Kommunikation, Vermeidung von Fehlkommunikation und ebenso schnelle Integration aller Kommunikationsdisziplinen zur Ausnutzung des hohen und ständig anwachsenden Aufmerksamkeitswertes im Vorfeld des Börsengangs.

Im Rahmen des äußerst komplexen Abspaltungsprozesses war die Unterstützung vor allem auch seitens der maßgeblichen Bayer-Kommunikationskollegen ein kaum hoch genug einschätzbarer Beitrag zum Erfolg des gesamten Vorhabens. Vor allem jedoch mussten schnellstmöglich durch eine

MORGEN
ROT
Aufbruch für die Chemie.
Unsere Erfahrung hat Zukunft.
LANXESS setzt Zeichen des Wandels. Hervorgegangen aus dem Chemiegeschäft von Bayer, nutzen wir unsere Erfahrung, um der Branche kraftvolle Impulse zu geben. Wir haben die Ausdauer, hoch gesteckte Ziele zu erreichen, den Willen, Gewohntes infrage zu stellen, und die Fähigkeit zur Veränderung. – Wir prägen die Chemie von morgen.
LANXESS ist einer der führenden Chemiekonzerne Europas mit Hauptsitz in Deutschland und Niederlassungen auf der ganzen Welt. Unsere rund 20.000 Mitarbeiter erzielten 2003 einen Gesamtumsatz von ca. 6,3 Milliarden Euro. Die hochwertigen Chemikalien, Kunststoffe und Kautschuke von LANXESS erfüllen maximale Ansprüche. Als Grundlage für viele Produkte sind sie im täglichen Leben allgegenwärtig.
Weitere Informationen erhalten Sie im Internet unter www.lanxess.de
LANXESS
Energizing Chemistry

STAR
AUFGEBOT
Das Beste an unserer Aufstellung sind die Menschen.
Die Mitarbeiter von LANXESS sind die Träger unseres Erfolges. Sie spielen die Hauptrolle. Die Aufstellung unserer Business Units schafft den Freiraum dafür. Unsere Unternehmensstruktur legt den Schwerpunkt auf Unabhängigkeit und Eigenverantwortung. – Damit erreichen wir die Effizienz, die unsere Kunden begeistert.
LANXESS ist einer der führenden Chemiekonzerne Europas mit Hauptsitz in Deutschland und Niederlassungen auf der ganzen Welt. Unsere rund 20.000 Mitarbeiter erzielten 2003 einen Gesamtumsatz von ca. 6,3 Milliarden Euro. Die hochwertigen Chemikalien, Kunststoffe und Kautschuke von LANXESS erfüllen maximale Ansprüche. Als Grundlage für viele Produkte sind sie im täglichen Leben allgegenwärtig.
Weitere Informationen erhalten Sie im Internet unter www.lanxess.de
LANXESS
Energizing Chemistry

unverwechselbare Markenidentität das neue Unternehmen erlebbar gemacht und ein völlig eigenständiges Unternehmensprofil geschaffen werden – dies war die unbedingte Voraussetzung für die Information, Loyalisierung und Motivation der Mitarbeiter.

Um Teilhabe am neuen Projekt zu schaffen, waren es weithin die teilweise verunsicherten Mitarbeiter selbst, die man aufforderte, beispielsweise den neuen Unternehmensnamen zu prägen. Im unternehmensweiten Wettbewerb wurde schließlich ein Kunstname der Gewinner, ein Begriff, der das französische „lancer" (in Gang bringen) mit dem englischen „success"(Erfolg) verknüpfte: So wurde im Februar 2004 aus „NewCo" LANXESS.

Vertrauen schaffen

Wichtig war nun, die Mitarbeiter auf den anstehenden Kulturwechsel – der für viele nichts anderes war als ein Kulturschock – vorzubereiten, also zum einen, die Notwendigkeit und die Härte jedweder Sanierungsschritte plausibel zu machen, und zum anderen, für das Vorhaben zu begeistern. Zentral war dabei, Einsicht in die absolute Unausweichlichkeit einer harten Sanierung zu schaffen, eben jene Wahrheit zu kommunizieren: Ohne Sanierung ist ein Überleben des Unternehmens undenkbar.

Auf der Mitarbeiterkommunikation lag von Anfang an ein hoher Fokus in der Orchestrierung der Gesamtkommunikation. Weltweite Mitarbeiterkonferenzen informierten ebenso über den Spin-off und die LANXESS-Unternehmensziele wie direkte CEO-Mails. Um die neue Unternehmensmarke raschestmöglich bei den Mitarbeitern und in deren Umfeld zu etablieren, wurde ein aufwendiges Mitarbeiterzeitungskonzept umgesetzt. xPress mit einer Auflage von rund 22.000 Exemplaren in acht Sprachen erscheint sechsmal im Jahr. Bei hohem und zeitnahem Ad-hoc-Informationsbedarf erscheint zusätzlich das schnelle Printmedium eXtra, bislang in 14 Einzelausgaben. Das weltweite Intranet konnte seine Kontakte allein von Januar bis März 2005 von 320.000 auf 405.000 steigern.

Gleichzeitig war für LANXESS eine starke Aufbruchstimmung ebenso wichtig. Mit der weltweiten Gründungsparty mit Tausenden von Mitarbeitern und deren Familien wurde dieser Grundstein im April gelegt – sozusagen eine Maßnahme interner atmosphärischer PR. Nun ging es Schlag auf Schlag: Nachdem das neue Corporate Design weltweit implementiert war, ging im Juli die neue Website www.lanxess.com online. An zentralen Orten erschienen riesige Oversize-Poster mit dem neuen Logo und dem Claim „Energizing Chemistry", begleitet von einer weltweiten Printkampagne in Fachmedien, um die enorm wichtige Stakeholder-Gruppe der Kunden über den gesamten Vorgang zu informieren und damit Vertrauen in die junge Marke zu schaffen. Im Oktober begann eine zusätzliche Zielgruppenkampagne für den Kapitalmarkt, um für diesen ersten großen Börsengang des Jahres den Boden zu bereiten.

Parallel wurde die Positionierung des Vorstandsvorsitzenden Axel C. Heitmann auf die Zeit rund um den Spin-off initiiert. Dabei stand die Kommunikation vor einer doppelten Schwierigkeit. Auf Grund seiner langjährigen Managementtätigkeit in Asien war Heitmann in den deutschen Medien genauso wenig bekannt wie das neue Unternehmen, das er führte. Daher begann die strategische CEO-Kommunikation mit einzelnen Hintergrundgesprächen bei den Chefredaktionen und Ressortleitern aller wichtigen Tageszeitungen und Wochenmagazine.

Es galt, den Medienvertretern die bevorstehenden Herausforderungen zu erläutern und sie für die Dimension der Aufgabe zu sensibilisieren. Die Positionierung als neuer Topmanager, der für seine schwere Aufgabe – die Financial Times Deutschland schrieb in einem der ersten Porträts sogar, er habe die schwerste Aufgabe der deutschen Industrie – genau die richtige Wahl ist, stellte sich ein.

Über die stimmige Positionierung des Vorstandsvorsitzenden wurde LANXESS als anspruchsvolle, aber durchaus erfolgreich zu gestaltende Managementaufgabe kommunizierbar. Die wichtigste Grundlegung dieser Positionierung zielte jedoch ins Zentrum der Sanierungsaufgaben bei LANXESS selbst: Die hohe Glaubwürdigkeit des Managements war Voraussetzung dafür, dass die Kommunikation unter ein radikales Generalthema gestellt werden konnte: den dramatisch hohen Sanierungsbedarf und die Alternativlosigkeit dazu. Bereits bei der ersten weltweiten Pressekonferenz über die Strategie von LANXESS am 25.11.2004 bezog Heitmann die Position absoluter und schonungsloser Transparenz. Auf der ersten Bilanzpressekonferenz im April 2005 hob er mehrfach hervor, dass LANXESS die schlechteste Position aller europäischen Chemiekonzerne innehabe. Die kommunikativen Resultate waren mehrfach positiv: Zum einen konnte die Unternehmensstrategie klar bei den wichtigsten Stakeholdern verankert werden. Die Kapitalmärkte schätzten diese Offenheit und gewährten in Verbindung mit der professionellen IR-Arbeit einen Vertrauensvorschuss, der sich deutlich in der Bewertung des jungen Unternehmens spiegelte. Der Aktienkurs der mittlerweile in den MDAX aufgestiegenen LANXESS AG stieg nach dem Spin-off vom 28.01.2005 stetig – und zwar nicht, obwohl, sondern weil der CEO den Sanierungsdruck mit größtmöglicher und vorher selten dagewesener Transparenz und Schonungslosigkeit aufzeigte.

Als Global Player etablieren

Unmittelbar nach dem Börsengang stand die Kommunikation vor der Herausforderung, die massive Konzernrestrukturierung bei den einzelnen Stakeholdern zu vermitteln. Durch die planmäßige Erfüllung der Sanierungsschritte und teilweise überplanmäßiges Wachstum in allen Bereichen begann die Restrukturierung schneller als geplant zu greifen. Der Sanierungsfall LANXESS ist mit einem Kursgewinn von 94,5 Prozent (Stichtag 16.11.2005) das erfolgreichste neue Börsenunternehmen des Jahres.

Die mehrfach preisgekrönte Kommunikation des Unternehmens basiert auf einem parallel umgesetzten Mix aus professioneller Finanzkommunikation, Entwicklung einer eigenständigen Corporate Identity und einer kommunikationsstrategischen Managementauffassung, die sich strikt an den wirtschaftlichen Realitäten des Unternehmens orientiert.

Heute ist klar: Dies alles hat die Unsicherheiten des Spin-offs minimiert, die Unabhängigkeit und die Überlebensfähigkeit des Unternehmens gefördert sowie die Handlungsfähigkeit des Managements für die erreichten und die anstehenden Führungsaufgaben erweitert. Das Vertrauen des Managements in die Expertise und die Einsatzbereitschaft des Kommunikationsteams war wichtig für den guten Beginn und die weitere Entwicklung des Projekts. Das Unternehmen setzt seine Internationalisierung konsequent auch im Bereich Corporate Communications um. LANXESS steuert seine Unternehmenskommunikation künftig über fünf Kernregionen: NAFTA (USA, Mexiko und Kanada), Südamerika, Asien/Pazifik, Indien und Europa/Afrika. Gleichzeitig wird das internationale Kommunikationsteam verstärkt. Jetzt geht es darum, die Marke LANXESS als wichtigen globalen Player am Firmament der weltweiten chemischen Industrie zu etablieren. <

Deutsche BP AG

Integrierte Kommunikationskampagne der deutschen BP

Neue **Energie** fürs Image

Von Ulrich Winkler und Stefanie Hansen

CORPORATE BRANDING

> Häufig läuft das so: Firma A übernimmt Firma B, und Firma B verschwindet vom Markt. Bei BP war das anders: Sie übernahm 2002 zwar Veba Oel und damit auch die Tochter Aral. Aber anstatt den blauen Aral-Diamanten durch das gelb-grüne Sonnenlogo zu ersetzen, entschied sich BP, das Tankstellengeschäft dem Marktführer zu überlassen. Aral ist seit Jahren Deutschlands beliebteste und bekannteste Tankstellenmarke. Hohe Sympathie- und Imagewerte bei Autofahrern und das enge Vertriebsnetz führten zu der Entscheidung, Aral als Retail-Marke zu behalten. Daraufhin wurden rund 630 BP-Stationen nach dem Motto „BP kommt – Aral bleibt" auf blau-weiß umgeflaggt.

Aus den Augen, aus dem Sinn

Mit dem Entschwinden der BP-Tankstellen aus dem Straßenbild begann auch die Bekanntheit des Unternehmens in der Öffentlichkeit zu sinken. Zunehmend entstand der Eindruck, BP habe sich aus Deutschland zurückgezogen. Ganz das Gegenteil ist der Fall: Mit einem Umsatz von rund 20 Milliarden Euro besetzt BP den ersten Platz auf dem deutschen Mineralölmarkt und gehört hierzulande zu den führenden Wirtschaftsunternehmen.

Um weiterhin bei Kunden, Geschäftspartnern, Wirtschaftsvertretern, Politikern und Journalisten Gehör zu finden, musste BP den Widerspruch zwischen tatsächlicher Stellung und öffentlicher Wahrnehmung auflösen. Dabei galt es zu beachten, dass der Wandlungsprozess vom reinen Ölunternehmen hin zum breiter aufgestellten Energieunternehmen, den BP international bereits durchlaufen hatte, in Deutschland kaum bekannt war. Auch das neue BP-Logo, der Helios, war zwar im Ausland, aber bis dahin nicht in Deutschland eingeführt.

Die Stärke und zugleich der Erfolg der Kommunikationskampagne liegen in der systematischen Verzahnung aller Kommunikationsaktivitäten.

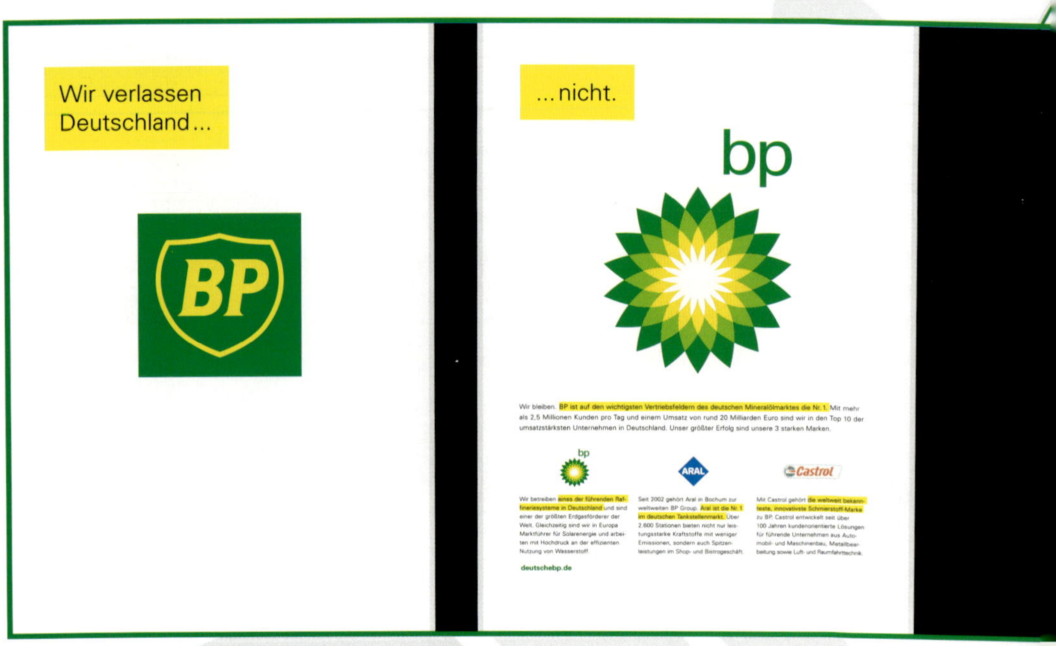

Damit standen die Ziele für die BP-Informationskampagne fest, die sich mit ihren Botschaften schwerpunktmäßig an Meinungsführer und Meinungsbildner in Deutschland richtet. Es sollte gezeigt werden,

- dass BP sich stärker als jemals zuvor in Deutschland engagiert und ihre wirtschaftliche und soziale Verantwortung ernst nimmt,
- dass BP mit drei starken Marken – BP, Aral und Castrol – auf dem deutschen Markt präsent ist,
- dass die BP-Gruppe unter einem neuen Logo agiert,
- dass BP mehr Geschäftsaktivitäten hat als nur Öl und Tankstellen – Beyond Petroleum eben, wie der internationale Slogan lautet.

Zweiphasenmodell

Beginn der Informationskampagne war im September 2004. BP entschied sich dabei für eine Strategie in zwei Phasen: Den Auftakt machten ganzseitige Typoanzeigen mit provokanten Headlines in Zeitungen und Zeitschriften, die eine grundlegende Aufmerksamkeit für das Unternehmen schaffen sollten. Dabei war das Motiv „Wir verlassen Deutschland …" sicherlich das mutigste und auffälligste. Auf der ersten Seite warb BP mit der überdimensionalen Abbildung ihres alten grün-gelben Schildlogos – seit acht Jahrzehnten Wahrzeichen von BP – und dem strahlend gelb markierten Statement „Wir verlassen Deutschland …". Die eigentliche Botschaft ergab sich erst auf der zweiten Seite. Dort stand das Wort „… nicht!" über dem neuen, sonnengleichen Helios-Logo – als Zeichen für die dynamische und zukunftsorientierte Ausrichtung von BP. Die beiden anderen Motive der Einführungsphase erklärten den Zusammenhang von Aral und BP sowie das umfassende Energieportfolio des Unternehmens, wie beispielsweise Erdgas, Wasserstoff und Solarenergie. Allen war gemeinsam, dass zuerst das alte und erst auf der Folgeseite das neue Logo gezeigt wurde.

1. Phase (September 2004)	2. Phase (seit Oktober 2004)
■ BP steht zum Standort Deutschland. ■ BP ist mit den Marken Aral und Castrol Nummer eins. ■ BP agiert unter neuem Helios-Logo. ■ BP ist ein vielfältiges Energieunternehmen.	■ BP setzt neue Maßstäbe bei der Transportsicherheit von Öl. ■ BP ist Vorreiter im Bereich Klimaschutz. ■ BP ist in Deutschland führend in der Solarenergie. ■ BP kümmert sich um sichere Energieversorgung und neue Energiequellen.

Alle drei Motive bereiteten den Boden für die zweite Kampagnenphase, die seit Oktober 2004 auf die Leistungsvielfalt sowie die Unternehmenswerte von BP abzielt. In den Anzeigen und TV-Spots beziehen Experten Stellung zu den Kernthemen von BP. Dabei kommen keine Schauspieler, sondern reale Menschen zu Wort. Ein Schiffsingenieur äußert sich beispielsweise zur Sicherheit von Öltankern, eine Meteorologin sorgt sich um den Klimawandel – und BP nimmt zu den durchaus kritischen Aussagen der Protagonisten Stellung. Weitere Themen der zweiten Phase sind die Fusion mit Aral, Versorgungssicherheit und erneuerbare Energien.

Um die Zielgruppe der Meinungsbildner zu erreichen, werden Anzeigen in führenden Wirtschaftsmagazinen und regionalen sowie überregionalen Tageszeitungen geschaltet. Unterstützt wird die Printkampagne durch TV-Spots im Business-TV und in ausgesuchten Umfeldern der Öffentlich-Rechtlichen. Onlinebanner auf Wirtschaftsseiten im Internet sowie Großplakate an ausgewählten Flughäfen runden die Mediaauswahl ab.

Integrierte Kommunikation

Um die starke Werbeaufmerksamkeit zu nutzen und einen langfristigen Reputationsgewinn zu erreichen, führt die Kampagne den Dialog mit der Zielgruppe auf verschiedenen Kommunikationskanälen. Hierzu werden alle Disziplinen systematisch synchronisiert. Neben der Vertiefung der Kampagnenthemen auf der Homepage www.deutschebp.de und intensiver Medienarbeit betrifft dies auch die politische sowie die interne Kommunikation. So organisiert die Abteilung External Affairs regelmäßig Veranstaltungen in Berlin, bei denen internationale BP-Experten Stellung beziehen zu Themen wie Transportsicherheit, Klimaschutz und Versorgungssicherheit. BP setzt hier bewusst auf einen offenen und ehrlichen Meinungsaustausch, um zu untermauern, dass es in der Informationskampagne nicht um bloße Werbebotschaften geht.

Auch intern werden Mitarbeiter informiert und in die Kampagne einbezogen, um zu Botschaftern des Unternehmens zu werden: Zu jedem Anzeigenmotiv gibt es eine Broschüre mit ausführlichen Hintergrundinformationen. Ebenso wird im Mitarbeitermagazin „Kompass" sowie im firmeneigenen Intranet regelmäßig über die neusten Entwicklungen der Kampagne berichtet. Mit Ausstellungen und Informationsveranstaltungen werden die Mitarbeiter zusätzlich motiviert, sich mit den Inhalten der Kampagne auseinander zu setzen. Diesem Zweck dient auch ein eigens initiiertes Gewinnspiel.

Auf gutem Wege

Eine systematische, kontinuierliche Evaluation begleitet die Kampagne. Das Ergebnis: Im März 2005 erkannten gut drei Viertel der befragten Meinungsführer das Helios-Logo und ordneten es BP zu – vor dem Start der Kampagne war es weniger als die Hälfte. Auch dass hinter dem Leitspruch „Beyond Petroleum" das umfangreiche Leistungsportfolio des Unternehmens steht, wird zunehmend verstanden. Insgesamt hat die Kampagne das Ansehen von BP in wichtigen Bereichen gesteigert.

Ein besonders positives Echo fand das Thema Transportsicherheit. Zahlreiche positive Feedbacks aus Politik und Wirtschaft bestätigen, dass BP mit ihrer Kampagnenstrategie richtig liegt. Das Unternehmen wird von der Öffentlichkeit zunehmend als innovatives, vielfältiges und verantwortungsbewusstes Energieunternehmen wahrgenommen. <

Bayer AG

Die Neupositionierung von Bayer

Kommunikative Herausforderung

Von Heiner Springer

CORPORATE BRANDING

> In der Bayer-Historie hat es schon viele Veränderungen und Umbrüche gegeben. Doch der Konzernumbau der beiden letzten Jahre, der unter der Führung des neuen Vorstandsvorsitzenden Werner Wenning vorangetrieben wurde, ist die sicher größte und tiefgreifendste Neuausrichtung des Unternehmens in seiner langen Geschichte.

Der wichtigste Schritt begann 2002 und hatte das Ziel, transparente und weit gehend selbstständige Unternehmen unter dem Dach einer strategischen Managementholding zu etablieren. Die neue Struktur trennte strategische und operative Geschäftsführung und ermöglichte den Teilkonzernen so eine optimale Ausrichtung auf die Märkte und eine höhere Flexibilität für strategische Optionen. Mit zunächst vier selbstständig operierenden Teilkonzernen, unterstützt von drei Servicegesellschaften, war die Basis geschaffen, um das Portfolio des Konzerns auf Grund intensiver Analysen zu optimieren.

Hintergrund der Portfolioänderung ist der klare unternehmerische Fokus auf zwei wesentliche Komponenten: Innovation und Wachstum. Aktivitäten mit hohem Wachstums- und Innovationspotenzial werden künftig stärker ausgebaut und auf die Bereiche Gesundheit, Ernährung und hochwertige Materialien konzentriert. Diese Kerngebiete erfordern den Einsatz aller verfügbaren Finanz- und Managementkapazitäten des Konzerns und müssen nach einem anderen Geschäftsmodell geführt werden als die Chemie- und Teile der Polymeraktivitäten, die in reiferen Märkten operieren. Sie wurden abgespalten und in einem selbstständigen Unternehmen gebündelt. Am 31. Januar 2005 wurden die Aktien der neuen Firma Lanxess AG zum ersten Mal an der Frankfurter Börse gehandelt. Mit dieser Abspaltung sind die wesentlichen Komponenten der strategischen Neuausrichtung des Bayer-Konzerns erfolgreich abgeschlossen.

1895 1904 1929 1989 2002

Aus kommunikativer Sicht wurde über alle strategischen Schritte sehr intensiv nach innen und außen berichtet. „The New Bayer" avancierte zum zentralen Begriff des Konzernumbaus. Es würde den Rahmen dieses Beitrags sprengen, auf die Fülle von kommunikativen Maßnahmen – insbesondere für die Mitarbeiter und Medien – einzugehen. Im Folgenden werden daher vor allem die werblich kommunikativen Aktivitäten hervorgehoben und näher beschrieben.

Corporate Design signalisiert Neubeginn

Optisch sichtbares Zeichen der Umstrukturierung des Konzerns ist das neue, behutsam überarbeitete Bayer-Logo. Marktfor-

schungsstudien haben gezeigt, dass das Bayer-Kreuz sowie die Unternehmensfarben Blau und Grün als die typischen Charakteristika der Marke wahrgenommen werden. Dementsprechend wurden die Firmenfarben in das Logo integriert und ein neues farbiges 3-D-Bayer-Kreuz entwickelt.

Dabei kam es insbesondere darauf an, das Bayer-Kreuz – als eines der bekanntesten Markenzeichen der Welt – für jedermann offensichtlich mit Aufbruch und Veränderung zu verknüpfen. Das Feedback aus der Belegschaft und die Resonanz im Markt signalisieren die erfolgreiche Änderung: Das überarbeitete Zeichen repräsentiert Werte wie Modernität, Zuverlässigkeit, Innovationskraft, Qualität und Globalität.

Parallel zu dieser Entwicklung mussten auch die Firmenmarken der neuen Teilkonzerne und Servicegesellschaften festgelegt werden und damit zusammenhängend die Markenarchitektur. Bei Bayer ist die Stellung der Dachmarke eindeutig positioniert. Das Bayer-Kreuz und der Name Bayer sind fester Bestandteil der drei Teilkonzerne Bayer MaterialScience, Bayer HealthCare und Bayer CropScience. Auch die drei eigenständigen Servicegesellschaften weisen in ihrer Firmierung eine Verknüpfung mit dem Namen Bayer auf.

Ebenso stringent ist die Beziehung zu den Produktmarken geregelt. Die Unternehmensmarke ist Teil der Produktkommunikation mit dem Ziel, über alle Produkte und Marken hinweg den gleichen Qualitätsanspruch zu vermitteln. Diese Strategie ermöglicht es, einzelne Marken wie Aspirin oder Makrolon mit dem jeweiligen produktspezifischen Leistungsversprechen zu positionieren und gleichzeitig bereits angesammeltes Vertrauenskapital der Dachmarke Bayer auf die Produktmarken zu übertragen.

Die in dieser Zeit häufig gestellte Frage „Wohin geht Bayer?“ beantwortete das Unternehmen mit seinem Leitbild. Anker und Kern dafür sind der Auftrag des neuen Unternehmens sowie die konkreten Geschäftsideen, die dem Unternehmen eine Zukunftsperspektive geben und für Klarheit über die Ziele sorgen. Besonderer Schwerpunkt in den Leitlinien sind Innovation und Wachstum in den Bereichen Gesundheit, Ernährung und hochwertige Materialien.

Um die Positionierung des Unternehmens auf den Punkt zu bringen, wurde ein neuer Dachmarken-Claim kreiert. „Bayer: Science For A Better Life“ bringt das eigene Selbstverständnis auf den Punkt und schafft mit dem Leitbild eine unverwechselbare Identität, nämlich den gemeinsamen Willen, als Erfinderunternehmen die Zukunft zu gestalten und innovativ zum Wohle der Menschen tätig zu sein.

Unternehmensstrategie im Leitbild verankert

Aus kommunikativer Sicht war es eine große Herausforderung, das Leitbild intern zu penetrieren. Diesen Prozess professionell zu steuern ist eine Aufgabe, die den Experten viel abverlangt. Denn letztlich soll das

Leitbild eine gelernte und verinnerlichte Richtschnur für das Management sein, an der es alle internen und externen Beziehungen ausrichtet. Wir haben uns für eine kaskadenförmige Kommunikation des Leitbildes entschieden, in der der Dialog zwischen Vorgesetzten und Mitarbeitern im Mittelpunkt der Ziele- und Wertevermittlung steht.

Die Implementierung erfolgte in der Hierarchie von oben nach unten. Beginnend mit dem Vorstand, erhielt jeder Vorgesetzte didaktisch aufbereitetes Anschauungsmaterial für sein Gespräch mit den Mitarbeitern. So wurde jeder Mitarbeiter weltweit von seinem Vorgesetzten mit dem Leitbild vertraut gemacht. Dabei wurde durch Dialog und Diskussion nicht nur informiert, sondern Verständnis geschaffen und Einsicht erzeugt. Nach wenigen Wochen bereits waren weltweit mehr als 100.000 Infopakete angefordert, verteilt und besprochen worden.

Imagewerbung verdeutlicht plakativ die Positionierung

Als ebenso wichtig wird jedoch die Wirkung des Leitbildes nach außen gesehen. Denn dieses Leitbild schafft Transparenz, signalisiert die Bereitschaft zur Übernahme von gesellschaftlicher Verantwortung und unterstreicht dabei auch Bayers Einzigartigkeit. Vor diesem Hintergrund bildet die Imagewerbung sozusagen den Schlussstein im Gebäude „The New Bayer". Dabei hat die neue Kampagne die Aufgabe, nochmals plakativ und eindringlich die Positionierung des Konzerns zu verdeutlichen.

Neben den zahlreichen und intensiven Aktivitäten zur Bekanntgabe der Neuausrichtung des Konzerns wurde am Ende des Umstrukturierungsprozesses bewusst und aus vielerlei Gründen eine werbliche Kam-

pagne ins Auge gefasst. Denn mit werblicher Kommunikation lässt sich eindrucksvoll und klar die neue strategische Ausrichtung von Bayer darstellen und mit positiver Stimmung auf die Faszination Bayer aufmerksam machen. Darüber hinaus hilft eine werbliche Anspracheschiene, die Stärken des Bayer-Images bei Innovationskraft und Produktqualität optisch und akustisch zu untermauern und zu festigen. Da die Reputation eines Unternehmens nicht ausschließlich auf faktenbasierten wirtschaftlichen Erfolgen beruht, trägt werbliche Kommunikation zudem dazu bei, eine vertrauensbasierte, emotionale Akzeptanz zu schaffen.

Die Kampagne folgt den Inhalten des Leitbildes und verdeutlicht die „Business-Idea" von Bayer, alle Kräfte auf Innovation und Wachstum in den Bereichen Gesundheit, Ernährung und hochwertige Materialien zu bündeln. Im Mittelpunkt steht dabei der Anspruch, die Lebensqualität der Menschen zu verbessern. Den Kern der Kampagne bilden 14 Print-Motive und drei TV-Spots, die von Onlinekommunikation und „Below-the-Line"-Maßnahmen flankiert werden.

In erster Linie richtet sich die Kampagne an Menschen, die sich für Wirtschaft, Politik und Gesellschaft interessieren und Verantwortung übernehmen. Als ebenso wichtig wurden von vornherein aber auch die eigenen Mitarbeiter im Konzern angesehen. Erweitert wurde die Kernzielgruppe um Aktionäre und Menschen mit Interesse an Wertpapieren. Aber auch all diejenigen, die der Branche insgesamt gegenüber aufgeschlossen sind, sollten einen schnellen Zugang finden zu dieser Darstellung von Bayer und seinen Produkten.

Emotional ansprechender Fotostil

Die werbliche Wirkung beruht in starkem Maße auf einem emotional sehr ansprechenden Fotostil. Denn gezeigt werden moderne, vollflächige Porträts von Menschen, die auf eine ausgesprochen natürliche Art und Weise fotografiert und gefilmt wurden. Dadurch wirken sie authentisch und glaubwürdig. Bewusst wurden Menschen verschiedener ethnischer Herkunft und aller Altersgruppen gewählt. Dies macht die Fotos und Filme international einsetzbar und zeigt, dass Menschen weltweit von den Bayer-Leistungen profitieren können.

Unter der Headline „Krebs aufhalten – Leben verlängern" sind etwa eine Mutter und ihre Tochter abgebildet, und in dem begleitenden Text wird ausgeführt, was Bayer-Forscher auf diesem Gebiet leisten. Ein anderes Motiv zeigt ein in einem Auto friedlich schlafendes Kind. Der Text erklärt dem Leser, dass Bayer MaterialScience die Zukunft des Autos aktiv mitgestaltet, indem beispielsweise Scheiben aus Kunststoff entwickelt werden und dadurch für mehr Sicherheit gesorgt wird. Eines der Beispiele, die für die zahlreichen Aufgaben von Bayer CropScience stehen, zeigt das Foto einer Mexikanerin, die ihr Kind auf dem Rücken trägt und einen reich gefüllten Gemüsekorb in den Händen hält. In dem erläuternden Text erfährt der Leser, dass Bayer CropScience beispielsweise an Pflanzen arbeitet, die besser an die jeweiligen Standorte angepasst sind und klimatischen Stresssituationen standhalten. Der thematische Einstieg in das Motiv erfolgt über die Headline „Pflanzen stärken – Ernährung verbessern".

Prägnante und gut verständliche Texte

Durchgängig wird bei allen Printmotiven auf kurze, prägnante und schnell verständliche Headlines gesetzt. Sie bestehen stets aus zwei Aussagen: Auf der linken Seite wird die Leistung von Bayer beschrieben, rechts steht der jeweilige Nutzen für den Verbraucher. Als verbindendes Element ist dazwischen das Bayer-Kreuz mit dem Slogan „Science For A Better Life" platziert. So wird zum einen für einen Eye-Catcher gesorgt, gleichzeitig stellt die Kampagne auf diese Art und Weise auch den neuen weltweiten Slogan des Unternehmens zentral heraus.

Die Sprache im Copytext ist klar und schnörkellos. Bereits im Einsteig wird auf das Problem hingewiesen, wenn es beispielsweise heißt: „Weltweit starben im letzten Jahr rund 6 Millionen Menschen an Krebs." Erst dann folgt die Beschreibung der konkreten Bayer-Leistung, die durch besondere Forschungserfolge oder Produktentwicklungen erzielt wird – in diesem Fall die Verbesserung der Krebsdiagnose. Die Darstellung der Lösung wird zumeist abgerundet durch einen positiven Ausblick in die Zukunft: „Zusätzlich testen die Bayer-Forscher einen Wirkstoff, der das Wachstum von Tumorzellen blockieren soll und so hilft, wertvolle Lebenszeit zu verlängern."

Als Konstante erscheinen in allen Anzeigenmotiven die Bayer-Unternehmensfarben sowie – hinter dem Begriff „The New Bayer“ – die Namen der drei Teilkonzerne. Dies verstärkt nicht nur den Wiedererkennungswert, sondern macht zusätzlich die Namen der drei Gesellschaften bekannt. Gleichzeitig wird kommuniziert, dass es ein „Neues Bayer“ gibt, das seine Aktivitäten nun auf drei Themenbereiche fokussiert. All diejenigen, die sich über den Anzeigentext hinaus informieren wollen, können im Internet zusätzliche, multimedial aufbereitete Hintergrundinformationen abrufen. Dazu zählen beispielsweise speziell erarbeitete Expertenporträts zu den jeweiligen Themen. Bereitgehalten werden aber auch kurze Filmbeiträge zu Machart und Entstehungsgeschichte der Kampagne. Die entsprechende Internetadresse findet sich am Ende eines jeden Textes.

Zwei 30-Sekunden-TV-Spots sowie eine 60-Sekunden-Langversion, die insbesondere in den Fernsehnachrichten- und Börsenkanälen zur Primetime gezeigt werden, runden die Kampagne ab. Die Spots nehmen die Kommunikationsmuster der Kampagne auf und verstärken die emotionale Ansprache durch gefühlsbetonte Bilderwelten. Musikalisch untermalt werden die Bilder von einem Song, der eine positive Aufbruchstimmung vermittelt: „Lifted“ von der Band „Lighthouse Family“ ist dabei insbesondere geeignet, die emotionale Botschaft der Bilder zu unterstützen und Adressaten über alle Altersgruppen hinweg anzusprechen.

Die in Tests festgestellte positive Resonanz auf die neue Bayer-Imagekampagne spiegelt sich auch in der erfreulichen Nachfrage nach entsprechenden Plakaten, Postkarten und der eigens erarbeiteten Broschüre wider. Und wer „Lifted“ von der „Lighthouse Family“ noch nicht kennen sollte – ein Anruf bei Bayer genügt. Der Song macht eventuelle Wartezeiten bei der Vermittlung erheblich angenehmer. <

OMV AG

Die strategische Neupositionierung eines international tätigen Energiekonzerns

Mehr **bewegen** – OMV

Von Bettina Gneisz-Al-Ani

CORPORATE BRANDING

> Die Marktforschung 2001 brachte für die OMV lediglich einen Grund zur Freude. Der Konzern ging als das bekannteste österreichische Unternehmen hervor. Der Rest gab Anlass zur Besorgnis: traditionelle österreichische Tankstellenkette, kaum Kenntnis über andere, große Unternehmensbereiche, politisch beeinflusster Monopolist, verstaatlicht und unbeweglich, zu hoher Benzinpreis. Selbst der Firmenname, der Mitte der Neunzigerjahre auf Grund des Börsengangs von ÖMV auf OMV geändert worden war, wurde von knapp 40 Prozent der Befragten nach wie vor mit „ÖMV" angegeben.

Die „Österreichische Mineralölverwaltung" war also noch immer in den Köpfen verankert. Der mediale Grundtenor vermittelte unter anderem eine erfolglose Ankündigungspolitik in Osteuropa und menschenrechtlich in Frage gestellte Aktivitäten im Sudan. Intern waren gerade eben massive Konflikte mit der Arbeitnehmervertretung, mit teils starker medialer Wirkung, anlässlich der Ausgliederung zweier Unternehmensbereiche überstanden.

Eine tragfähige Basis schaffen – nötigenfalls top-down

Da für einen umfassenden Brandingprozess die Zeit fehlte und sich das Unternehmen auch nicht als ein Markenartikelhersteller versteht, musste eine pragmatische Lösung gefunden werden, um rasch zu einer neuen Imagepositionierung zu kommen. Auf der Grundlage einer umfassenden Präsentation des Status quo und der sich daraus ableitenden Probleme konnte noch im selben Meeting das Okay für ein beachtliches Budget für eine Werbekampagne erreicht werden.

Daran schloss sich eine Diskussion mit dem Gesamtvorstand an, bei der, unterstützt von den Marktforschungsergebnissen, die folgenden Kernwerte erarbeitet wurden: beweglich, erfolgreich, europäisch, für mich da. Es war also wichtig zu zeigen, dass die OMV schon längst in mehr als 20 Ländern tätig war, und keineswegs nur im Tankstellenbereich, und dass die OMV wirtschaftlich äußerst erfolgreich war. Also selbstbewusst zum Unternehmensgewinn stehen und sich nicht angesichts der Benzinpreis-Vorwürfe verstecken. Und letztendlich mit jeder Botschaft immer wieder in die Aussage „einzuzahlen", dass die OMV bereits das führende Öl- und Gasunternehmen in Osteuropa ist. Die Kernwerte „beweglich, erfolgreich, europäisch, für mich da" wurden in weiterer Folge mittels interner Kommunikation, in Strategiemeetings und bei diversen Vorstandsauftritten thematisiert. Weiter wurden diese Werte „below and above the line" konsequent bei jedem externen Auftritt, also vom Pressetext über Imageprodukte bis hin zu Stellenausschreibungen oder bei Messeauftritten, konsequent eingesetzt.

Auch wenn die oben zitierte Positionierung naturgemäß auf Fakten beruhte, war klar, dass diese nur sehr schwer in Bauch und Kopf der Rezipienten zu transportieren sein würde. Denn: Die Energiebranche – insbesondere die Erdölbranche – gehört mit Sicherheit nicht zu den prädestinierten Sympathieträgern. Dazu kam, dass die OMV, als klassischer Utility-Anbieter, kaum mit Interesse für ihre Tätigkeiten rechnen konnte: Benzin- und Gasversorgung, Raffinerien und Petrochemie interessieren in der Regel nicht und werden, wenn überhaupt, als Selbstverständlichkeiten angenommen. Der Provider bekommt kaum Anerkennung für seine (Dienst-)Leistung. Der Wunsch des Unternehmens, gemocht zu werden, war zwar verständlich, führte aber zu keiner gangbaren Lösung. Viel sinnvoller war es, dem Unternehmen ein klares Profil zu geben, frei nach dem Motto: „Man muss nicht unbedingt geliebt werden, aber man muss sehr wohl für das, was man tut, respektiert werden." Aus dieser Logik ergab sich dann auch der Angelpunkt für die Imagekampagne: Es konnte nicht darum gehen, den Menschen zu erzählen, was denn die OMV alles leiste – und sie damit sicher zu langweilen: Es musste vielmehr darum gehen, insbesondere im Consumer-Market überhaupt erst einmal Interesse für dieses an und für sich profane Unternehmen zu generieren – also zu zeigen, dass sich dieses Unternehmen durch eine klare Haltung auszeichnet, dass das Unternehmen Charakter hat!

Die Print- und TV-Kampagne war dann auch keine Aufzählung der Geschäftsbereiche der OMV, sie sollte der Öffentlichkeit vielmehr nahe bringen, warum dieses Unternehmen besonders ist – und so den Versuch unternehmen, die Rezipienten stolz auf die OMV zu machen: auf ein Unternehmen, das als eine der ganz wenigen österreichischen Firmen tatsächlich weltweit agiert. Da die OMV eine reine Dachmarkenstrategie verfolgt, wurde der Corporate Claim im Zuge der neuen Imagekampagne für alle Geschäftsbereiche sowohl im In- wie im Ausland auf „mehr bewegen" geändert.

Werbung erzählt Geschichten – PR liefert den Beweis

Um die OMV nachhaltig aus der teilweise gegebenen Defensivposition zu holen, wurde umgehend der Aufbau eines Corporate-Social-Responsibility-Programms (CSR) beschlossen: Binnen 18 Monaten wurden CSR auf Basis der Triple-Bottom-Line „ökonomisch, ökologisch, sozial" konzernweit als Managementtool implementiert, der OMV-Code-of-Conduct entwickelt und, darauf aufbauend, der erste CSR-Performance-Report publiziert (CSR ist heute ein Modul innerhalb der Balanced-Scorecard-Messung). Damit konnte geklärt werden, für welche Aspekte des wirtschaftlichen Handelns das Unternehmen geradestehen würde und für welche Aspekte es nicht zur Rechenschaft zu ziehen ist (beispielsweise: Politikfelder).

Parallel dazu wurde das Sponsoring auf neue Beine gestellt: Die erste Priorität galt dem Aufbau eines Social-Sponsoring-Programms, „Move & Help" – und zwar gemeinsam mit etablierten NGOs mit Projekten im In- und Ausland und starker Nutzung aller Kommunikationskanäle bis hin zu Investor-Relations. Als „Sponsoring" wurden ab sofort nur noch Maßnahmen verstanden, die ausschließlich auf Grund ihrer Image- und Kommunikationswirkung verfolgt wurden. Daher wurden etwa Maßnahmen, die der Anbahnung neuer Ge-

schäfte dienen, von Corporate Communications an das Marketing abgegeben, und jene Maßnahmen, die der Kontaktpflege dienen, an den Bereich Corporate Affairs.

Als ein Resultat der Marktforschung wurde Kultursponsoring komplett aufgelöst, da zu weit weg von einem Energieunternehmen positioniert. Im Sportbereich wurde die Rallyeaktivität konsequent ausgebaut: Die OMV ist seit 2004 mit einem eigenen Team in der World Rallye Car Championship vertreten (Platz 3 2004), was wiederum international für alle Geschäftsbereiche – bis hin zu IR-Veranstaltungen für Analysten und Investoren und zur Nutzung der Rallyfahrer für Move-&-Help-Charity – eingesetzt werden konnte.

Die mit zwei Hauptprojekten (Move & Help sowie Rallye) bewusst sehr eng gesteckten Sponsoringaktivitäten erlaubten einen optimalen Mitteleinsatz, weil es damit möglich war, die eingesetzte Sponsoringsumme adäquat (also mindestens im Verhältnis 1:1) durch externe und interne Kommunikationskampagnen zu stärken und für einzelne Zielgruppen nutzbar zu machen.

Mehr bewegen – durch konsequente Internationalisierung

Mit Antritt des neuen Vorstands Anfang 2002 wurde eine überaus klare Konzernstrategie formuliert: Verdoppelung des Marktanteils wie auch des Unternehmenswertes bis 2008. Ein ideales Spielfeld für die Kommunikation, denn Kommunikationsarbeit kann nicht erfolgreich sein, wenn unklar ist, welche Geschäftsziele das Unternehmen verfolgt, oder wenn diese häufig neu definiert werden.

Die weiter fortschreitende Internationalisierung verlangte eine strategische wie auch operative Professionalisierung der Pressearbeit – also angesichts zahlreicher bevorstehender M&A-Projekte weg von einer riskanten und für ein börsennotiertes Unternehmen auch nicht adäquaten Ankündigungsstrategie hin zu einer klaren „No Comment"-Strategie. Als „Entschädigung" für diese Schmallippigkeit wurden die Strategie und die damit einhergehenden geschäftlichen Vorgaben sehr konkret extern und intern kommuniziert. Weiter forcierte das Presseressort seine Servicefunktion, indem es alle Medienanfragen rasch und für Journalisten bereits gut verwertbar aufbereitet (Charts, Brancheninformationen, mehrsprachige Texte) beantwortete, den Zugang zu den Vorständen erleichterte und international agierte: Die OMV sendet heute ihre Presseaussendungen (durchschnittlich zwei pro Woche) in CEE-Länder sowie nach Russland und in den arabischen Raum, jeweils in der Landessprache und natürlich die unterschiedlichen Zeitzonen berücksichtigend (wichtig bei kursrele-

OMV-MEDIENANALYSE 2004

OMV-Medienarbeit allgemein

- Deutliche Steigerung der Clipping-Anzahl von 2002 auf 2004 um 64 Prozent (Steigerung von 2002 auf 2003 um 28 Prozent)
- Dominierende Imagewerte 2004: sympathisch, erfolgreich, international und zukunftsorientiert

OMV-Sponsoring (OMV-Rallyeaktivitäten und Corporate Citizenship Program)

- Cash-Value 23.610.420 Euro (Print + TV)
  - Deutliche Steigerung zu 2003: 17.604.511 Euro
  - Cash-Value zeigt, dass die Qualität der Berichte steigt: größere Beiträge, OMV kommt öfter in Text und Bild vor.
- Return on Investment 2004: 1:7,5 (2003: 1: 5,3)

vanten Neuigkeiten!). Einmal pro Jahr lädt die OMV zum European Media Summit und gibt damit den internationalen Medienvertretern die Möglichkeit zum intensiven Austausch und zu Exklusivinterviews mit Vorstand und Bereichsleitern.

Die Medienbeobachtung in Österreich erfolgt täglich, die internationale wöchentlich auf elektronischer Basis. Dies gilt auch für die Berichterstattung, die aus den Sponsoringmaßnahmen resultiert. Eine Medien-Content-Analyse (halbjährlich) evaluiert qualitative (Image-Items, Positionierung des CEOs; Prozentsatz der aus Eigenaktivitäten stammenden Meldungen) wie auch quantitative Aspekte. Um das Engagement bei der Internationalisierung der Pressearbeit zu verdeutlichen, schloss die OMV eine Exklusivkooperation mit dem Verband der Auslandspresse ab, unterstützt Reporter ohne Grenzen und rief gemeinsam mit Reporter ohne Grenzen den „Press Freedom Award – a Signal for Europe" für engagierten Journalismus in den CEE-Ländern ins Leben.

Abgerundet und verstärkt wurde die Neupositionierung der OMV durch Reportageserien, beispielsweise über die weltweite Suche nach Erdöl und Erdgas, in Publikumsmedien und durch mehrstufige Educational-PR-Kampagnen via wissensbasierte Onlinegewinnspiele. Die interne Kommunikation wurde durch bereichspezifische E-Mail-Newsletter-Services vertieft, die Mitarbeiterzeitung geht heute weltweit zweisprachig an alle Kollegen, und der Vorstand besucht mindestens einmal pro Jahr die Unternehmensstandorte der OMV in Österreich („OMV Treffpunkt").

Heute liefern die Ergebnisse der Marktforschung wie auch die Medienberichterstattung mehr als einen Grund zur Freude: Der Konzern gilt bei Meinungsbildnern und in breiten Kreisen der Bevölkerung als einer der wichtigsten internationalen Player österreichischer Herkunft und als der unbestritten führende Öl- und Erdgasversorger Mitteleuropas. Die Imageattribute „verstaatlicht und schwerfällig" konnten eindeutig durch die Zuschreibungen „international aktiv und erfolgreich" ersetzt werden. Naturgemäß spielen die strategischen Erfolge des Konzerns eine wesentliche Rolle, die Kommunikationsleistung hat aber mit Sicherheit erheblich zur erfolgreichen Neupositionierung beigetragen. <

Zukunft. Was ist Zukunft?
>> Zukunft ist, wenn mein Vater dafür sorgt, dass die Wüste lebt.<< Adrian Albrecht-Früh
Der Vater von Adrian und sein Team liefern Werkstoffe und viel mehr für eine High-Tech-Infrastruktur.
Dr. Ulrich Albrecht-Früh und seine Kollegen engagieren sich beim Aufbau von Infrastruktur in den Vereinigten Arabischen Emiraten. Sie liefern Werkstoffe für Meerwasserentsalzungs-anlagen und Kraftwerke, bauen Zementwerke, installieren Fahrsteige für Flughäfen und, und, und.
Das Leben kann die Wüste erobern.
Wir entwickeln die Zukunft für Sie.
ThyssenKrupp
Weitere Informationen unter www.thyssenkrupp.com

Degussa AG

Die Dachmarkenstrategie der Degussa AG

Von der Fusion zur **Identität**

Von Ralph Driever

CORPORATE BRANDING

> Am Anfang stand der Auftrag, aus mehreren Chemieunternehmen einen schlagkräftigen Konzern mit einer klaren Strategie und einer eigenen Identität zu formen. Die Messlatte lag hoch, sehr hoch, hatten doch die zu fusionierenden Unternehmen Degussa-Hüls und SKW selbst eine wechselvolle Vorgeschichte und ihre jüngsten Zusammenschlüsse noch nicht verarbeitet. Vorausgegangen waren die Mergers Goldschmidt mit SKW und Hüls mit Röhm und Degussa. Im Grunde galt und gilt es, fünf unterschiedliche Unternehmenskulturen, fünf Historien, fünf Selbstverständnisse zu einer starken Dachmarke zusammenzuführen. Als Name für den neuen Konzern wurde die bekannteste Marke gewählt: Degussa. Damit war eine neue Herausforderung geschaffen, denn mit Degussa assoziierten die Meinungsführer und die breite Öffentlichkeit Geschäftsfelder, die nicht mehr zum neuen Konzern gehören. Weltmarktführer im Bereich Spezialchemie – das war nun strategisches Ziel des neuen Unternehmens. In den ersten drei Jahren wurden mehr als 6 Milliarden Euro Umsatzvolumen desinvestiert und die Ausrichtung auf das Kerngeschäft konsequent vorangetrieben.

Den Markenkern analysieren

So motivierend es für Manager und Mitarbeiter ist, ein neues Unternehmen zu formen, so groß sind zwangsläufig die Irritationen im Blick auf die Unternehmensidentität. Um hier zu einem klaren Selbstverständnis und damit zu einer glaubwürdigen Aussage gegenüber Kunden, Aktionären und Meinungsführern zu kommen, wurde in einem sehr sorgfältigen Bottom-up-Verfahren die Frage nach dem größten gemeinsamen Nenner der Vorgängerunternehmen gestellt. Externe Berater spürten bei Kunden, Mitarbeitern, Management und Meinungsführern mit einem standardisierten Interview die wesentlichen Merkmale der Markenkerne von Degussa, Hüls, SKW, Röhm und Goldschmidt auf.

Als konstante Eigenschaften, die mit allen fünf Unternehmen in Verbindung gebracht wurden, zeigten sich sowohl in der internen als auch in der externen Wahrnehmung:

- Zuverlässigkeit
- hohe Innovationskraft
- Erstklassigkeit der Produkte und Dienstleistungen
- Wissensvernetzung quer durch das Unternehmen

Diese Selbst- und Fremdwahrnehmung wurde verdichtet zum Claim „creating essentials" – Wesentliches, Unverzichtbares schaffen –, der inzwischen verpflichtend neben das Logo tritt.

Die Marke Wirklichkeit werden lassen

Papier ist bekanntlich geduldig – selbst dann, wenn es als imageträchtige Hochglanzbroschüren daherkommt. Aufgabe war, die neue Dachmarke sowohl extern, und hier besonders für Kunden, als auch intern für Mitarbeiter erfahrbar werden zu lassen. Mit dem Ziel, die geschäftliche Relevanz der Markeninhalte wie Innovationskraft und Wissensvernetzung herauszustellen, wurden und werden zahlreiche Projekte organisiert. Die Manager des Unternehmens analysierten die Auswirkungen des neuen Selbstverständnisses auf die Markenarchitektur. Es galt das Zusammenspiel zwischen einer starken Dachmarke und den etablierten Produktmarken zu definieren. Um alle Mitarbeiter weltweit in diesen Prozess einzubinden, erhielt das Management einen Standardvortrag auf CD-ROM sowie begleitendes Informationsmaterial. Auf zahlreichen Veranstaltungen, wie Betriebs-

Manchmal braucht uns kein Mensch.

Diese Runde geht auf uns.
Willkommen beim größten Volksfest der Welt. Hier feiern Menschen zusammen, die neben ihrem Durst noch etwas anderes verbindet: Für jeden von Ihnen können wir etwas tun. Denn wir arbeiten daran, als weltweite Nummer Eins in der Spezialchemie Werte für alle zu schaffen. Auf der Wiesn und überall. www.degussa.com

Special effects courtesy of Degussa.

versammlungen und Abteilungsbesprechungen, war Branding, war der Markenkern Degussa Topthema. Auch hier wurde „creating essentials" als Versprechen an Aktionäre, Kunden und die Öffentlichkeit herausgearbeitet, stets Neues, Wertvolles und Unverzichtbares zu schaffen. Immer mit der Botschaft: Jeder einzelne Mitarbeiter trägt zum Erfolg des gesamten Unternehmens bei. Jeder Einzelne ist dafür verantwortlich, das Markenversprechen einzulösen.

Das neue Selbstverständnis der Degussa wurde auch nach außen prominent thematisiert. Bei Bilanzpressekonferenzen, Hauptversammlungen, Interviews mit der Wirtschaftspresse sowie in den Geschäftsberichten, dem Corporate-Citizenship-Report und der Sozialbilanz erläuterte das Unternehmen die neue Dachmarkenstrategie.

„NUR WER EINE KLARE IDENTITÄT BESITZT UND DIES AUCH EINDEUTIG KOMMUNIZIERT, DIFFERENZIERT SICH VOM WETTBEWERB."

Integrierte Kommunikation

Unterstützung fand diese Kommunikation durch ein neues Format von Pressemitteilungen. Mit markanten Produktstorys, ergänzt um aussagekräftige Bilder, wurden wesentliche Produktinnovationen der Degussa veranschaulicht. Hinzu kamen Kurzfilme, die Innovationen einer breiten Öffentlichkeit vorstellten. Da es sich hierbei nicht um vordergründige PR, sondern um valide Informationen handelte, griffen Redaktionen unterschiedlicher Ressorts diese Medienformate häufig auf. So wurden die besonderen Leistungen des Unternehmens beispielsweise in den Bereichen Autoreifen, Sportböden und Kosmetik nachvollziehbar transportiert.

Bestandteil dieses integrativen Konzepts ist auch die Imagewerbung des Unternehmens. Sie verfolgt zum einen das Ziel, einer breiteren Öffentlichkeit, den Meinungsführern aus Wirtschaft, Wissenschaft, Medien und Politik, den Geschäftszweck der Degussa – Spezialchemie – zu verdeutlichen. Zum anderen will sie das Markenversprechen „creating essentials" belegen. Damit stellte sich eine besondere Herausforderung für eine breiter wirkende Imagekampagne: Degussa produziert nicht für den Endverbraucher, sondern ist ein Lieferant kleinerer Mengen ganz spezieller Zusatzstoffe, „Magic Ingredients", die die Eigenschaften der Produkte ihrer Kunden entscheidend verbessern. Diese Vorteile sind für den Einzelnen zwar erlebbar, jedoch nicht unmittelbar erkennbar. Wie lässt sich diese Brücke zur Alltagserfahrung des Endverbrauchers schlagen?

Das Unternehmen entwickelte gemeinsam mit einer Agentur eine Kampagne, die die Relevanz der Degussa-Produkte auf den Erfahrungshorizont des Einzelnen herunterbricht. Visuell arbeitet sie mit ungewöhnlichen Bildern, die für die Branche untypisch und deshalb besonders aufmerksamkeitsstark sind. Die Motive zeigen erlebnisreiche Momente, in denen Menschen aufeinander treffen, Gruppen oder auch Einzelpersonen, die sich zufällig am gleichen Ort aufhalten. Die vier verschiedenen Locations geben vor, was in den einzelnen Motiven passiert: So wird in einer Diskothek getanzt, an einem Filmset gedreht, auf der Wies´n gefeiert. Interessante kleine Geschichten zeigen, wie Menschen auf unterschiedliche Weise von Degussa-Produkten profitieren. Bild und Text belegen, wie Degussa-Produkte sowohl in die Berufs- als auch in die Alltagswelt positiv hineinreichen, indem sie das Leben einfacher, sicherer, angenehmer und die Kunden erfolgreicher machen.

Der Kunde im Zentrum

Geschaltet wurden die Motive in meinungsführenden Wirtschaftsmedien und überregionalen Tageszeitungen rund um den Globus. Dass es hierbei kulturelle Besonderheiten zu beachten galt und nicht jedes Motiv in jedem kulturellen Umkreis geschaltet werden konnte, versteht sich von selbst. Responsanalysen belegen: Die Botschaft wird verstanden, und der Bekanntheitswert der Marke Degussa sowie ihr klares Profil als weltweite Nummer eins der Spezialchemie nehmen stetig zu. Ergänzt wird die Imagekampagne durch Textanzeigen, die anlassbezogene Informationen pointiert vermitteln. So konnten die Berliner am Tag der Eröffnung der Degussa-Repräsentanz lesen: „In der Welt die Nr. 1. In der Friedrichstraße die Nr. 171."

Branchenspezifische Veranstaltungen machen die Innovationskraft des Unternehmens und mit ihr den Zugriff auf ein weltweites Wissensnetzwerk erlebbar. Degussa zeigte etwa mit einem „Automotive Day" Entscheidungsträgern aus der Automobilzuliefer- und Automobilindustrie, welche Produkte, Systeme und Lösungen das Unternehmen für ihre Branche bereithält. Die Palette reicht dabei von speziellen Kunststofffarben bis zu hochtechnologischen Carbon Blacks, die dazu beitragen, Autoreifen sicherer und langlebiger zu machen. Darüber hinaus sorgt das Unternehmen bei großen Messen für einen einheitlichen Auftritt seiner unterschiedlichen Geschäftsfelder. Diese bereichsübergreifenden Leistungsshows haben ihre Wirkung nicht nur auf die Kunden, sondern machen die Dachmarke auch für die Mitarbeiter erlebbar.

Corporate Design

Eine Klammer der Dachmarke Degussa ist das weltweit verpflichtende Corporate Design. Im Sinne einer ganzheitlichen Unternehmensdarstellung muss der Auftritt der Degussa in allen Medien stets einheitlich sein. Die Dachmarkenstrategie des Spezialunternehmens geht deshalb einher mit der konsequenten Anwendung und Umsetzung des Corporate Designs. Der gezielte Einsatz der Hausfarbe Cyanblau in allen Medien und bei Events wie Messen, Hauptversammlungen und Pressekonferenzen veranschaulicht: Wo immer die Degussa sich präsentiert, tritt sie unverwechselbar auf. Alle kommunikativen Aktivitäten wurden im Sinne des neuen Erscheinungsbildes harmonisiert – angefangen bei Briefpapier und Visitenkarten, über Anzeigenkampagnen und Druckerzeugnisse bis hin zur Präsenz in multimedialen Bereichen wie etwa dem Inter- und Intranet. Selbstdarstellung im besten Sinne, denn nur wer eine klare Identität besitzt und dies auch eindeutig kommuniziert, differenziert sich vom Wettbewerb – und wird durch die Erfüllung des Markenversprechens zur Marke.

In nur drei Jahren nach Gründung des neuen Unternehmens ist es gelungen, durch einen aufwendigen Bottom-up-Prozess die Markenwerte der Vorgängerunternehmen zu analysieren und sie in die Markenarchitektur der heutigen Degussa einzubringen. Mit einer integrierten Kommunikation nach innen und nach außen wird das Markenversprechen zu allen relevanten Zielgruppen transportiert und ein Anspruch formuliert, der für das Unternehmen Richtschnur ist. Indem die Degussa auf den Punkt bringt, was sie kann und wofür sie steht, wird sie begreifbar. Sie erhält Identität und ein Gesicht: Die Produkte der Degussa erzeugen Werte für alle, für Kunden, Mitarbeiter, Aktionäre und die Gesellschaft. <

Henkel Gruppe

Zur Wechselwirkung von Unternehmensmarke und Produktmarken

„Ein **Rohdiamant**, den es zu schleifen gilt"

Von Ernst Primosch

CORPORATE BRANDING

> Die Zeiten werden für viele Unternehmen härter, und darum stellt sich die Frage, warum trotzdem immer mehr Unternehmen auf die Unternehmensmarke setzen. Sehr lange hat man sich vielfach nur auf Produktmarken konzentriert und das Potenzial, das in der Unternehmensmarke steckt, nicht erkannt oder vernachlässigt. Dabei kann der Beitrag der Unternehmensmarke zum wirtschaftlichen Erfolg eines Unternehmens relevant sein. Und daher lautet die Antwort: Nicht trotz der wirtschaftlich schwierigeren Zeiten, sondern gerade ihretwegen suchen Unternehmen nach Bereichen, die einen zusätzlichen Wertbeitrag leisten können. Und da ist eine vernachlässigte Unternehmensmarke ein Rohdiamant, den es zu schleifen gilt.

Henkel hat als Markenartikler Pionierarbeit geleistet, als man vor drei Jahren die Unternehmensmarke in den Fokus stellte, ohne damit starke Produktmarken wie Persil, Schwarzkopf oder Loctite zu vernachlässigen. Aber die Zeit für Henkel war reif, und das Bild vom Schuster, der selbst die sprichwörtlich schlechtesten Schuhe trägt, war passend.

Fokus auf Kernkompetenzen

Die nicht ganz einfache Frage war nur, was aus Henkels Fokus auf die Unternehmensmarke in der Praxis für jedes einzelne Unternehmen folgte: Wie genau waren Kernkompetenzen und die gesamte Darstellung des Unternehmens so zusammenzuführen, dass ein Höchstmaß an Erfolg entstand – und im Idealfall eine positive Wechselwirkung zwischen beidem möglich wurde?

Einen allgemeingültigen Pfad des Erfolges gibt es nicht. Bei Henkel haben seit Anfang 2000 weltweit – und Henkel ist heute in über 125 Ländern zu Hause – immerhin mehr als 500 Experten an der Lösung dieses Problems gearbeitet, die Umsetzung der Ergebnisse ist bereits in der zweiten Stufe. Ausgangspunkt war dabei die Konzentration auf den Kern, das Mark des Unternehmens. Und das besteht in unserem speziellen Fall aus Marken, Produkten und Technologien, die in aller Welt für Qualität und Innovation stehen, und der damit einhergehenden Kunst der Markenführung.

Dahinter steckt aber vor allem eine zentrale Überlegung: Nur mit einer nach allen Regeln der Kunst geführten Unternehmensmarke werden Kunden, Aktionäre, Analysten, Medien sowie eigene und künftige Mitarbeiter dem Unternehmen zutrauen, auch seiner eigentlichen Kernkompetenz gerecht zu werden und die einzelnen Produktmarken optimal zu führen. Und nur dann kann ein Markenartikler letztlich ein Höchstmaß an Ehrlichkeit, Offenheit und Vertrauen herstellen.

Markenwert als Strategie

Der Bedeutung dieser Aufgabe entsprechend, hat Henkel für die Weiterentwicklung der Unternehmensmarke das gesamte Know-how aktiviert, das wir über die Jahrzehnte in der Führung von rund 750 erfolgreichen und etablierten Produktmarken erworben haben. Das Ergebnis dürfte in seinem Umfang und der konsequenten Umsetzung weltweit Vorbild sein. Gebündelt wird das Wissen um die fundamentale Bedeutung der Marke und das untrennbar mit der Marke verbundene Qualitätsversprechen in dem neuen Claim: „Henkel – A Brand like a Friend", der sich, und das ist für die Intensität von Bedeutung, von der Vision des Firmengründers Fritz Henkel ableitet. Mit dem Claim verknüpft sind zehn zentrale Unternehmenswerte wie etwa Qualität, Innovation und die Kundenorientierung, die hohe Bedeutung qualifizierter Mitarbeiter oder auch soziale Verantwortung und Nachhaltigkeit. Und es ist ein wichtiger Teil des Jobs unserer mehr als 50.000 weltweit tätigen Henkel-Mitarbeiter, diese Werte tatsächlich auch mit Leben zu füllen.

Seit Ende des Jahres 2001 stärkt das Unternehmen aktiv den Namen Henkel als Dachmarke, um die Unternehmensvision lebendig zu machen und intern wie extern zu kommunizieren. Henkel will mit Marken und Technologien das Leben der Menschen leichter, besser und schöner machen, ein Gedanke, der auf Fritz Henkel zurückgeht, der 1907 mit Persil das Waschen wesentlich vereinfacht hat. Dieses Grundmotiv, das Leben der Menschen leichter, besser und schöner zu machen, weist auch in die Zukunft aller Produkte, Technologien und Dienstleistungen von Henkel: von den Waschmitteln, Klebstoffen und Kosmetika bis hin zu Produkten und Systemlösungen für international tätige Industriekunden.

Unterstützt wird die Positionierung der Marke Henkel als Hersteller von Qualitätsprodukten durch den Slogan „A Brand like a Friend". Das unterstreicht die Haltung des Unternehmens, die ganz im Sinne des Firmengründers auf Glaubwürdigkeit und Vertrauen im Umgang mit seinen Mitarbeitern, Kunden und Aktionären ausgerichtet ist. Auch für die Zukunft sei deshalb die Prognose gewagt: Im Prinzip ist die Markenführung von gestern die Markenführung von morgen. So, wie Persil eben Persil bleibt.

Weltweite Umsetzung

Mittlerweile sind alle Unternehmensbereiche weltweit von der Dynamik der Entwicklung erfasst worden, was schließlich zum zweiten, wesentlichen Baustein unserer Neuausrichtung geführt hat: Auch starke Produktmarken helfen, das Unternehmen als Marke bekannter zu machen. Dieses Prinzip hilft beispielsweise die Bekanntheit von Henkel in den USA durch akquirierte Marken wie Dial, Purex oder got2b zu stärken. Die Unternehmensmarke kann wiederum weniger bekannte Produkte stützen. Parallel zur Einführung des neuen Auftritts der Unternehmensmarke und abgeleitet aus dem Corporate Claim, wurde deshalb im September 2002 eine Marketingkampagne gestartet, und der Slogan „Qualität von Henkel" ist seitdem elementarer Bestandteil vieler Werbespots für Persil, Pattex & Co. Parallel dazu zeigen alle Untersuchungen, dass eine starke Unternehmensmarke auch die Kaufentscheidung positiv beeinflusst – ein wichtiger Mehrwert für Produktmarken, die im täglichen Wettbewerb stehen.

Wie gut die Wechselwirkung von Unternehmensmarke und Produkt funktionieren kann, belegen mittlerweile auch die Zahlen. Henkel hat weltweit an Bekanntheit, Reputation und Markenwert deutlich gewonnen. Nach einer aktuellen Studie hat sich der Markenwert des Unternehmens in den letzten drei Jahren verdoppelt, und Studienautoren bescheinigen der Dachmarkenstrategie von Henkel, einen essenziellen Beitrag dazu geleistet zu haben. Eine starke Dachmarke ist aber auch ein Leuchtturm, der dem Verbraucher in der nicht mehr überschaubaren Fülle von Warenangeboten Produkte von hoher Qualität signalisiert. Die Unternehmensmarke ist deshalb für Henkel von allerhöchstem Wert, denn sie sichert Kundenzufriedenheit und damit Märkte und Wachstumschancen.

Entscheidend war die grundlegende Einsicht, dass im Fall von Henkel die Unternehmensmarke nicht allein Visitenkarte ist, sondern die erste Marke im Haus, bei der das Unternehmen seine gesamten Fähigkeiten unter Beweis zu stellen hat. Die Unternehmensmarke ist letztlich das Fundament für unser gesamtes Markengebäude. Und den Schuh zieht sich Henkel als Markenartikler gern an. <

MAN Roland Druckmaschinen AG

Markenstrategie

Vom globalen Unternehmen zur globalen **Marke**

Von Thomas Hauser

CORPORATE BRANDING

> Auf dem Weg zur globalen Marke ist das einheitliche Erscheinungsbild des Unternehmens ein entscheidender Schritt. Diese Einheitlichkeit herzustellen war nach der bunten Geschichte der Internationalisierung von MAN Roland eine große Herausforderung. Denn Unternehmen und Unternehmer, mit Tradition, gewachsener Identität und Geltung in unterschiedlichen geographischen Märkten, sollten unter einem einheitlichen Dach zusammengeführt werden, nicht allein symbolisch: Im Logo wird das Dach der Marke durch einen Bogen auch tatsächlich verkörpert. Wie wurde dieser Prozess erlebt?

Alle müssen mit auf die neue Reise

Lebhafte Diskussionen sind unvermeidbar. Neben der Risikoabwägung kommen respektable Emotionen und natürlich auch Eitelkeiten zum Tragen. Viele Argumente werden in einem offenen Austausch „für oder wider" diskutiert – Fragen zur Loyalität und Identifikation der Mitarbeiter und Kunden zumal. Wie werden diese beiden entscheidenden Zielgruppen auf die anstehenden Veränderungen reagieren? Für die Moderatoren dieses Prozesses, die Führung des Unternehmens, heißt es hier mit Entschlossenheit und mit Fingerspitzengefühl zu agieren, zu führen eben. Fest steht: Alle müssen mit auf die neue Reise, keiner bleibt daheim.

Die Schritte im Einzelnen: Im November 2001 beschließt das Unternehmen, seine Markenstrategie global auszurichten und zu vereinheitlichen und die Integration der internationalen Vertriebs- und Servicegesellschaften zu beschleunigen. Als Ziele gelten die

- Integration der Vertriebs- und Servicepartner sowie der Niederlassungen,
- Durchsetzung der einheitlichen Corporate Identity und des Corporate Designs im Vertriebsnetz,
- Identifikation der internationalen Mitarbeiter mit dem Unternehmen MAN Roland.

Der Bereich Corporate Marketing & Communications der MAN Roland Druckmaschinen AG konzipiert und steuert dann den gesamten Prozess. Es wird ein zweisprachiger Leitfaden (englisch/deutsch) zum Vorgehen erstellt, er erklärt Maßnahmen, Zeitplan, Botschaften. Zusätzlich wird eine umfangreiche Materialsammlung „Communications Kit I und II" erstellt und in Form von CD-ROMs an alle betroffenen Vertriebs- und Servicepartner verteilt. Dieses Paket ermöglicht den Vertriebs- und Servicegesellschaften, ihre gesamte Kommunikation und Vertriebsliteratur umzustellen. Die Informationen betreffen: Geschäftsausstattung, Anzeigen, Vorlagen für Direct Mailings, Argumentationslinien für Kunden, Mitarbeiter, Pressevertreter, Interviewleitfaden, FAQ, Mitarbeiter-Newsletter sowie die Zeichenfamilie mit allen Logos,

MAN Roland ist heute weltweit Marktführer im Rollenoffsetdruck und starker Zweiter im Bogendruck. Der globale Druckmaschinenmarkt ist von nur wenigen, globalen Akteuren bestimmt. Die drei größten Anbieter in diesem Markt stammen aus Deutschland. Die Kunden jedoch befinden sich überwiegend in den Exportmärkten Europas, der USA und in den Wachstumsmärkten Asiens. Ihre Struktur ist sehr heterogen, die Hersteller bedienen kleine lokale Druckereien ebenso wie große, weltweit agierende Kommunikations- und Medienkonzerne.

Die internationale Präsenz von MAN Roland in Europa, Amerika und Asien wurde mit einer langfristigen Beteiligungs- und Akquisitionsstrategie aufgebaut. Über 80 Prozent des Umsatzes stammen heute aus dem Export. Verkauf und Service von Bogendrucksystemen werden federführend vor Ort von den Niederlassungen in Europa, den USA und in Asien gesteuert. Ein großer Teil der akquirierten Vertriebs- und Serviceniederlassungen außerhalb Deutschlands verblieb auch nach der Akquisition in hoher Eigenständigkeit und operierte im lokalen Markt weiter unter dem angestammten Namen. Im lokalen Markt waren diese Gesellschaften für Kunden und Geschäftspartner nicht eindeutig als Unternehmen der MAN-Roland-Gruppe erkennbar. MAN Roland war in diesen Märkten nur als Produktmarke präsent. Bis 2001 erhöhte MAN Roland seine Beteiligungen an zahlreichen europäischen Vertriebs- und Servicegesellschaften auf bis zu 100 Prozent.

Leitbildern und Icons – ebenfalls zweisprachig.

Zusätzlich wird die Kommunikation nach innen und außen vorbereitet, zum Beispiel Schreiben an Mitarbeiter, Geschäftspartner und Kunden sowie Pressemitteilungen und eine Argumentationshilfe werden bereitgestellt. Die Umsetzung erfolgt dann lokal, Mitarbeiter und Kunden werden durch die Vertriebsgesellschaften direkt angesprochen. Von Seiten des Unternehmens wird die Branchenöffentlichkeit informiert, eine Pressemitteilung erklärt die globale Markenstrategie des Unternehmens und gibt das Rebranding der betroffenen Gesellschaften bekannt. Die Berichterstattung im Kundenmagazin „expressis verbis" begleitet den Prozess. „expressis verbis" erscheint in elf Sprachen in einer Auflage von ca. 150.000 Exemplaren und wird an Kunden und Multiplikatoren in der Druckindustrie verteilt.

Die erste Hürde zur globalen Marke

Eine erste interne Befragung der Geschäftsführer der Vertriebs- und Servicepartner im April 2003 ergiebt: Der hohe Bekanntheitsgrad der Marke MAN Roland erleichtert die Ansprache von Neukunden. Die Kunden nehmen die Vertriebs- und Servicepartner als MAN-Roland-Unternehmen wahr und bewerten den neuen Auftritt positiv. Sie assoziieren damit eine Stärkung der Finanzkraft, des Vertrauens und der Zuverlässigkeit ihrer lokalen Ansprechpartner im Vertriebsnetz.

Die erste Hürde zur globalen Marke, das einheitliche Erscheinungsbild, ist damit erfolgreich genommen, überraschend reibungslos, wie sich schließlich herausstellt, und mit erfreulichen Begleiteffekten. Die gemeinsame Arbeit hat schließlich die Beteiligten in der Zentrale und in den Niederlassungen enger zusammengeführt, als dies in der Vergangenheit möglich war. Erste informelle Strukturen und Vorläufer einer globalen Marketingorganisation sind entstanden. In der Folge werden die organisatorischen Bedingungen für ein integriertes globales Marketing geschaffen: Heute zeichnen ein neunköpfiges internationales Marketingboard auf Topmanagement- beziehungsweise Geschäftsführerebene für die Strategie und ein 20-köpfiger Internationaler Marketing-Council der Marketingverantwortlichen für die Umsetzung verantwortlich. Die Zusammensetzung ist jeweils regional ausgewogen.

Wettbewerbsdifferenzierung in Zeiten der Krise

Der Wettbewerb um die Kunden hat in der grafischen Industrie an Intensität weltweit stark zugenommen, ebenso der Preisdruck. Neben den drei dominanten deutschen Anbietern treten regional zusätzlich Akteure aus den USA und aus Japan auf. Das Wettbewerbsumfeld in den Zielmärkten ist also durch in etwa gleichgewichtige „Global Player" wie MAN Roland und „Local Heroes" aus der Region bestimmt, die neben intimer Marktkenntnis und lokaler Vernetzung auch günstige Kostenstrukturen als Heimvorteil ausweisen. Der Schlagkraft der jeweiligen Marken kommt daher eine hohe Bedeutung zu.

Global Corporate Image

Bei der Differenzierung der Anbieter standen lange Jahre Produkt, Technik und Qualität im Vordergrund, Merkmale, die traditionell und weltweit mit dem deutschen Maschinenbau verbunden werden. Mit der zunehmenden Reife der Anbieter und Märkte hatte hier sicherlich eine gewisse Angleichung der jeweiligen Performance stattgefunden, die zumindest einigen Kunden die klare Unterscheidung anhand der traditionellen und nun weniger griffigen Kriterien erschwert. In den letzten Jahren konnte auch, bedingt durch die krisenhafte Entwicklung des Marktes in Europa und den USA, eine nahezu ausschließliche Zuspitzung des Wettbewerbs auf den Anschaffungspreis und die Finanzierungskonditionen beobachtet werden. Nahezu alle Hersteller haben sich diesem pragmatischen und doch so gefährlichen Paradigma unterworfen.

MAN Roland setzt dieser „Preiswertstrategie" des Wettbewerbs mit großem Erfolg eine „Mehrwertstrategie" entgegen. Die globale Marke MAN Roland steht dabei im Vordergrund. Kraft und Charisma einer großen Markenpersönlichkeit werden mit dem Mehrwert eines Marktführers und dem nachprüfbaren Nutzen seiner Kunden verbunden.

der Marke zu eng gefasst ist. Sie kann vor allem im internationalen Kontext nicht leicht vermittelt werden. Sie begeistert nur bedingt. Angesichts des schwierigen Marktumfeldes ist eine Neuorientierung auch inhaltlich geboten.

Es folgt eine sorgfältige Definition des Markenkerns. Hier werden in mehreren Workshops mit Mitarbeitern des Unternehmens die Werte und die Persönlichkeit der Marke sowie der USP beziehungsweise die Key-Benefits der Produkte analysiert. Die internationalen Marketinggremien sind frühzeitig und vollständig involviert. Die Ergebnisse zeigen hohe, bislang nicht berücksichtigte emotionale Potenziale der Marke, die im Unternehmensalltag und im Bewusstsein der Mitarbeiter sehr wohl verankert sind, in die Kommunikation jedoch nicht eingeflossen sind. Eine weitere Lücke hat sich bei der Bewertung der großen Tradi-

WE ARE PRINT

„Der neue Slogan verkörpert das Selbstverständnis und den Kern der Marke: Erfahrung, Engagement und Vision für verlässliche und innovative Druckleistungen und Services. Am Kunden orientiert. Mit echter Begeisterung für das Produkt und die Menschlichkeit im Handeln."

In den stürmischen Zeiten des Jahres 2003 wird die wichtige zweite Stufe der Markenbildung eingeleitet. Der neue einheitliche Auftritt und der Schwung des internationalen Aufbruchs sollen genutzt, der Prozess des Markenaufbaus im globalen Maßstab begleitet und vertieft werden. Eine neue Imagekampagne soll nach innen und außen Orientierung bieten. Ausgangspunkt der Arbeiten ist eine sorgfältige Analyse der Ausgangslage. Es zeigt sich, dass die bisherige, sehr sachliche und produkt- und technologieorientierte Positionierung

tion der Marke und der Rolle des Unternehmens als Innovationsführer im Druckmaschinenmarkt aufgetan. Die lange Geschichte und die prägende Rolle des Unternehmens für die gesamte grafische Industrie der Moderne haben in der Kommunikation des Unternehmens lange Zeit nur noch mitgeklungen. Die Rolle der Tradition für das Selbstverständnis und Selbstbewusstsein des Unternehmens und seine Positionierung im Markt werden dabei unterschätzt. Dieses Potenzial soll nun erschlossen werden.

„WE ARE PRINT.™"

Der neue Claim „WE ARE PRINT.™" ist ein selbstbewusstes und glaubwürdiges Statement eines Branchenführers. Das Druckprodukt steht im Mittelpunkt des Denkens und Handelns: punktgenau, verlässlich und in höchster Qualität auf den Maschinen der MAN Roland produziert und von Dienstleistungen und Schnittstellentechnologien flankiert und veredelt. Also nicht allein Printprodukte oder Anlagen, sondern der integrierte Prozess, die gesamte Wertschöpfungskette und das Netzwerk aller Marktteilnehmer sind mit dem neuen Slogan „WE ARE PRINT.™" angesprochen.

Die neue Markenstrategie baut auf der gewachsenen Verbundenheit von Unternehmen, Kunden in aller Welt und der

Branche auf. 1845 kam die erste „moderne" Druckmaschine aus Augsburg, aus der „Maschinenfabrik Augsburg", dem Stammwerk für Rollendrucksysteme von MAN Roland.

„WE ARE PRINT.™", der neue Slogan der Kommunikationskampagne der MAN Roland Druckmaschinen AG, ist deshalb eine Verbeugung vor der großen Tradition einer Branche, in der das Unternehmen so viele Jahre zu Hause ist. Er ist Ausdruck der großen Verbundenheit, welche das Unternehmen und seine Mitarbeiter mit Kunden und Druckfachleuten in der ganzen Welt teilen. Der emotionale Slogan verrät viel über das Unternehmen. Er zeigt die menschlichen Facetten einer großen Markenpersönlichkeit. Er schafft Vertrauen in die Lösungskompetenz, und er trifft den großen Anspruch eines Branchenführers mit Tradition. „WE ARE PRINT.™" ist ein Versprechen an Kunden, Mitarbeiter und alle Branchenteilnehmer zur Integration in die MAN-Roland-Community.

Seit Januar 2004 erscheinen die ersten von sechs Imageanzeigen, begleitet von Produktwerbung in den internationalen Fachtiteln. In wechselnden Motiven werden die großen Themen der Branche angesprochen: Stabilität, Know-how, Wirtschaftlichkeit, Flexibilität und Vernetzung. Qualität ist ein weiteres Kennzeichen der Anzeigenkampagne. Abgeleitet von der Farbskala zur Druckabnahme, werden alle Anzeigen der Kampagne ein „Gütesiegel" tragen, den „Quality-Code". Er steht für die hohen Qualitätsansprüche, die MAN Roland und seine Kunden verbinden, und für das große Know-how, das in dem immer komplexer werdenden Prozess des Druckens benötigt wird. Dieser Quality-Code findet sich fortan auf allen Kommunikationsmedien und Printprodukten, im Messeauftritt und auf Werbeartikeln wieder.

Auf Erfolgskurs

Für die Umsetzung wurde ein weltweites Kampagnenmanagement in Form einer elektronischen Marketingmall mit Bilddatenbank, Corporate-Design-Guidelines, Anzeigenvorlagen und einem Präsentationsarchiv etabliert. Hier greifen via Extranet alle Niederlassungen weltweit und direkt auf die neuesten Materialien zu, oft bereits in Landessprache adaptiert.

Die Leitmesse der grafischen Industrie, drupa, im Mai 2004 wird zum großen Start und Testlauf der Kampagne. Die Reaktionen der internationalen Niederlassungen, der Mitarbeiter und der Kunden auf die neue Kampagne sind überwältigend positiv. Der neue Auftritt, die ebenfalls neue emotionale Ansprache nach innen und außen und die Kraft der Botschaften überraschen und überzeugen. Gegenüber der Sachlichkeit der früheren Jahre wirken der in den Anzeigen und dem Claim transportierte Optimismus und die Begeisterung für das Kerngeschäft und die Branche wohltuend und motivierend. In diesem Sinne inspiriert die Premiere auf der drupa 2004 auch zu neuen wirtschaftlichen Erfolgen. Die Kraft und das Charisma der Marke haben hierzu einen entscheidenden Beitrag geleistet. <

Der Beitrag stammt vom Juni 2004.

DaimlerChrysler AG

PR als Markenkommunikation

Die Wiedergeburt der Marke Maybach

Von Johannes Reifenrath

PRODUCT BRANDING

> Bei ihrer Marken- und Produktkommunikation setzt gerade die Automobilindustrie konsequent auf eine sorgsam abgestimmte Mischung aus klassischer Werbung, Below-the-Line-Maßnahmen und PR. So weit die Regel. Anders beim Relaunch der legendären Luxusautomobilmarke Maybach im Jahr 2002, der sich auch in kommunikativer Hinsicht als Ausnahmeerscheinung erweisen sollte. Denn erstmals übernahm PR bei der Einführung einer neuen Automobilmarke die Führungsrolle im Kommunikationsmix.

Seit den Zwanzigerjahren des letzten Jahrhunderts ist Maybach ein automobiler Mythos. Der Maybach Zeppelin galt mit seinem mächtigen Acht-Liter-Zwölfzylindermotor und seiner individuellen, nach Kundenwunsch maßgeschneiderten Karosserie und Innenausstattung als stattlichste deutsche Repräsentationslimousine. Zu den erlesenen Kunden gehörten Kaiser und Könige, Unternehmer, Sportler und Stars. Der Opernsänger Enrico Caruso zählte ebenso dazu wie das niederländische Königspaar, Boxweltmeister Max Schmeling oder Marlene Dietrich.

Im Jahr 2000 beschloss der DaimlerChrysler-Vorstand, an diese Tradition anzuknüpfen und Maybach als Highendluxusmarke des Konzerns wieder einzuführen. Wie vor mehr als 60 Jahren sollten Maybach-Limousinen auch jetzt wieder Automobile sein, die höchste Ansprüche an Luxus und Leistung erfüllen und zugleich maximale Exklusivität verkörpern. Der Name Maybach sollte wie früher für eine eigene automobile Kategorie stehen.

Die große Herausforderung: Maybach war ein Mythos, an den sich zu Beginn des 21. Jahrhunderts kaum noch jemand erinnerte. Selbst im Heimatland der Marke, in Deutschland, war Maybach nur noch wenigen Automobilenthusiasten ein Begriff, im Ausland war die Marke nahezu unbekannt.

Dass man dieses Problem nicht mit Hilfe klassischer Werbung allein lösen konnte, war schnell klar. Bei einer auf nur rund 1.000 Automobile pro Jahr begrenzten Stückzahl wären die Streuverluste exorbitant gewesen. Insofern konzentrierte sich das Marketing weit gehend und sehr erfolgreich auf die gezielte Ansprache potenzieller Kunden. Diese wurden mit aufwendigen Broschüren bereits zu einem frühen Zeitpunkt über die Geschichte der Marke und die neuen Produkte informiert, um Maybach in der relevanten Zielgruppe zum Gesprächsthema zu machen. Außerdem organisierte das Team mehrere exklusive Sneak-Previews im Umfeld hochklassiger

Events, zum Beispiel bei der Yacht-Messe „Showboats" in Monaco.

Eine Luxusmarke wie Maybach lebt aber nicht nur von ihrer Bekanntheit innerhalb der Zielgruppe, sondern auch – oder: vor allem! – von ihrer Wahrnehmung durch die breite Öffentlichkeit. Erst die Faszination für viele erzeugt die Begehrlichkeit für die wenigen, die sich das Produkt erlauben können. Diese Aufgabe, den Mythos Maybach mit neuem Leben zu erfüllen und die Marke wieder weltweit bekannt zu machen, war die Herausforderung für PR.

Neun Monate bis zur (Wieder-)Geburt

Um die Marke Maybach durch eine breit angelegte Medienkampagne zu einem globalen Gesprächsthema zu machen und weltweite Aufmerksamkeit für Marke und Produkt zu generieren, entwickelte die Abteilung Globale Produktkommunikation Mercedes Car Group der DaimlerChrysler AG zusammen mit ihrer Lead-Agentur Oliver Schrott Kommunikation eine mehrstufige PR-Kampagne. Ziel war es, eine Berichterstattung in mehreren Wellen zu generieren, um Maybach damit über Monate hinweg zum Thema in der Presse zu machen.

Internationale Aufmerksamkeit ist nur über reichweitenstarke Medien – vor allem TV – zu erzielen. Nötig dazu sind in unserer zunehmend visuell geprägten Medienlandschaft starke, außergewöhnliche Bilder mit dem Potenzial für einen Platz in den Abendnachrichten. Dementsprechend basierte die Maybach-Kampagne auf einem Zyklus von außergewöhnlichen PR-Events, die die Geschichte der Marke erzählen und gleichzeitig auf Basis der alten Faszination das Fundament für einen neuen Mythos Maybach legen. Parallel wurden schrittweise die ersten Informationen über die neuen Maybach-Limousinen freigegeben. Auch hier-

bei wurden Marken- und Produktinformationen systematisch vernetzt, indem Themen wie der neue Zwölfzylindermotor, die Technik oder die Produktion jeweils in einen historischen Kontext gestellt wurden. Dem diente auch die ganz eigene Bildsprache der Pressefotografie, die Produkt und technische Features immer zusammen mit ihrer historischen Referenz zeigten. Diese gezielte Dramaturgie der Abfolge von Teaser-Pressemappen und Events, von Theorie und Praxis, erzeugte einen öffentlichkeitswirksamen Spannungsbogen vom ersten Markenauftritt über die Weltpremiere bis zur Fahrvorstellung für Fachjournalisten.

Prolog: Markenpremiere in Genf

Die erste Phase der Kampagne, die sich von März bis Juni 2002 erstreckte, rückte zunächst die Marke Maybach und deren faszinierende Geschichte in den Blickpunkt. Die Enthüllung des Maybach-Standes auf dem Genfer Automobilsalon, der erste Auftritt der Marke nach 61 Jahren, erfolgte im Stil einer Vernissage, um die Positionierung von Maybach als „automobiles Kunstwerk" zu unterstreichen. Entsprechend feierlich war die Inszenierung, ebenso außergewöhnlich im Umfeld einer eher lautstarken Messe das Engagement eines zwölfköpfigen Streichorchesters, das – um den jungen Charakter der „neuen" Marke Maybach zu betonen, aus jugendlichen Musikern einer Berliner Meisterklasse bestand.

Das Objekt der Begierde, der Maybach 62, war zu diesem Zeitpunkt nur schemenhaft hinter einer dunklen Glasscheibe zu sehen, um die Spannung der Besucher zu steigern. Diese Art der Präsentation stieß bei manchen Medienvertretern zunächst auf Unverständnis. Ihr Ziel hat die Maßnahme trotzdem – und teilweise auch wegen der partiell aufkeimenden Kritik – erreicht: Maybach war das Gesprächsthema in Genf und erstmals wieder eine spannende Materie für die Medien. Auf Monate hinaus blieb diese Poleposition in der Segmentberichterstattung erhalten – weit vor etablierten Wettbewerbern wie Rolls-Royce oder Bentley.

Auf Grund der besonderen Bedeutung der USA, des wichtigsten Einzelmarkts für Maybach, wurde die Genfer Markenpremiere Ende März in New York wiederholt. Im Gegensatz zum öffentlichen Messeauftritt in Europa bekam die Vernissage in New York jedoch einen privaten Clubcharakter, um neben den Medien gezielt auch potenzielle Kunden anzusprechen. Bewusst wiederholt wurde das subtile Spiel mit der Zahl Zwölf. So schafften zum Beispiel zwölf Hostessen oder zwölf Musiker immer wieder einen Bezug zum Zwölfzylindermotor, der die historischen mit den aktuellen Maybach-Limousinen verbindet. Gerade in Amerika hatte dieses Thema noch einen weiteren historischen Bezug. Denn die Luftschiffe des Grafen Zeppelin, in den Dreißigerjahren des letzten Jahrhunderts die fortschrittlichste Verbindung zwischen alter und neuer Welt, wurden ebenfalls mit Zwölfzylindermotoren von Maybach angetrieben.

Zeitreise: Den Mythos erlebbar machen ...

Im Anschluss an die Markeneinführung konzentrierte sich PR zunächst darauf, das Wissen über die Maybach-Historie zu vertiefen und die traditionellen Beziehungslinien zu Mercedes-Benz zu verdeutlichen.

Um den Mythos Maybach für die Medien wirklich erlebbar zu machen, entwickelten Maybach-Sprecher Stefan Diehl und sein Team eine außergewöhnliche Zeitreise auf den Spuren der Marke – vom Daimlerschen Gartenhaus in Stuttgart-Bad Cannstatt, in dem Gottlieb Daimler und Wilhelm Maybach ihre ersten Motorenversuche machten, über historische Maybach-Originalschauplätze am Bodensee bis nach Sindelfingen auf die Baustelle des „Center of Excellence", des neuen Zentrums der Maybach-Markenwelt.

Der Fokus des Events lag auf persönlichem Erleben in einem authentischen Umfeld – zum Beispiel einem Ausflug in historischen Maybach-Limousinen oder Gesprächen mit Zeitzeugen, etwa mit Irmgard Schmid-Maybach, der Enkelin von Wilhelm und Tochter von Karl Maybach, die eigens dafür von ihrem heutigen Wohnsitz in den USA anreiste. Das Resultat: zahlreiche ausführliche Beiträge in namhaften internationalen Publikationen und damit ein breiter Medienteppich für die bevorstehende Weltpremiere.

Höhepunkt der Kampagne: eine Weltpremiere in drei Akten

Wie schafft man mit der Präsentation eines Produktes weltweite Aufmerksamkeit für eine Marke, um diese auf einen Schlag bekannt zu machen?

Um dieses ehrgeizige Ziel zu erreichen, entwickelten das Maybach-Team und seine Agentur ein völlig neues Veranstaltungsformat. Im Gegensatz zu üblichen Automobilpräsentationen im Rahmen solitärer Tagesveranstaltungen oder auf Automobilmessen erstreckte sich die Weltpremiere der Highendlimousine Maybach 62 über insgesamt neun Tage, drei Orte und zwei Kontinente – ein Novum in der Geschichte der Automobilkommunikation.

Die Maybach-Weltpremiere „erzählt" in mehreren Kapiteln und in großen, symbolträchtigen Bildern die Geschichte der Reise des ersten Maybach von der alten in die neue Welt: von der Maybach-Manufaktur in Sindelfingen über das englische Southampton zur Präsentation in New York. Dabei reiste der Maybach – sorgfältig geschützt in einem gläsernen Container – standesgemäß auf dem Sonnendeck der legendären „Queen Elizabeth 2", dem letzten Luxusliner im Transatlantikdienst.

Das Motto der Premiere war einem Maybach-Slogan der Dreißigerjahre entlehnt: „Eine Reise zu Lande, zu Wasser und in der Luft". Zum Zeitpunkt der Einladung der Medien barg dieses Motto noch ein (die Spannung steigerndes) Geheimnis: Während die Reise zu Lande (von Sindelfingen nach Southampton) sowie zu Wasser (per Luxusliner nach New York) kommuniziert wurde, blieb der letzte Teil der Reise – „in der Luft" – bis zur Ankunft des Maybach in New York ein sorgsam gehütetes Geheimnis.

Die Wahl von New York als Schauplatz kam nicht von ungefähr. Zum einen sind die USA der wichtigste Markt für Maybach. Zum anderen steht New York wie keine andere Stadt für Internationalität, Finanz- und Wirtschaftskraft, Prosperität, aber auch für Kunst und Kultur. Gleichzeitig ist New York ein internationales Medienzentrum und durch die Wirkung der hier stattfindenden Ereignisse eine Bühne der Welt. Was hier passiert, passiert vor den Augen der Welt. Darüber hinaus war die Wahl der Stadt als Veranstaltungsort nach den Ereignissen des 11. September gerade für einen deutsch-amerikanischen Konzern wie DaimlerChrysler auch ein politisches Statement.

Eine symbolische Reise von der Alten in die Neue Welt

Der Startschuss für die Weltpremiere fiel am 24. Juni 2002 im DaimlerChrysler-Werk Sindelfingen, wo die Limousinen in der neuen Maybach-Manufaktur zum großen Teil in Handarbeit gebaut werden. Das Roll-out, eine bewusst nur wenige Minuten lange In-

Die Marke Maybach

Wilhelm Maybach, legendärer Konstrukteur des ersten Mercedes, war ein langjähriger Weggefährte von Gottlieb Daimler. Auf diese Partnerschaft geht die damals wie heute enge Beziehung zwischen Maybach und der Schwestermarke Mercedes-Benz zurück. 1909 machte Maybach sich selbstständig und baute, gemeinsam mit seinem Sohn Karl, in Friedrichshafen am Bodensee Motoren für die Luftschiffe des Grafen Zeppelin. 1921 gründeten Vater und Sohn eine eigene Automobilfabrik. Innerhalb von wenigen Jahren entwickelte sich Maybach zur exklusivsten deutschen Automobilmarke. Nur 1.800 Limousinen, Sport-Coupés und Cabriolets wurden bis zur Produktionseinstellung 1941 ausgeliefert – handgefertigt für anspruchsvollste Kunden wie Könige und Kaiser, Sportler und Stars, Banker und Industrielle. 61 Jahre später feierte Maybach im Jahr 2002 als neue Topautomobilmarke des DaimlerChrysler-Konzerns ein Comeback.

szenierung, zielte primär auf deutsche Medien und hatte das Ziel einer breiten nationalen Berichterstattung mit Teaserwirkung für das Finale in New York. Von Deutschland aus reiste der Maybach in einem Spezial-Lkw, wie er auch für die Auslieferung an die Kunden verwendet wird, nach Southampton. Die britische Hafenstadt war zwei Tage später Schauplatz der spektakulären Einschiffung auf die Queen Elizabeth 2. Mit einem riesigen Schwimmkran wurde der Maybach in seinem gläsernen Container medienwirksam auf das Sonnendeck der „QE2" gehoben. Die Verladung auf das britische Nationalsymbol im Mutterland der konkurrierenden Luxusmarken Rolls-Royce und Bentley war durchaus provokant und verfehlte ihre Wirkung bei der Kernzielgruppe des Events, den englischen Medien, nicht.

Auch die sechseinhalb Tage dauernde Transatlantikreise wurde aktiv für die Pressearbeit genutzt. Mit an Bord der „QE2" waren 20 internationale Topjournalisten, denen Experten im Rahmen eines exklusiven Workshopprogramms umfassende Hintergrundinformationen über Marke und Produkt vermittelten. Das Ziel: Hintergrundberichte in führenden Automobilfachmedien.

Weltpremiere in der Wall Street

Höhepunkt der mehrstufigen Weltpremiere war die Ankunft des Maybach in der Neuen Welt am Morgen des 2. Juli. Rund 250 internationale Journalisten, Fotografen und TV-Teams beobachteten von Bord eines speziellen Medienschiffes aus, wie die „QE2" mit der Limousine auf dem Oberdeck bei Sonnenaufgang majestätisch an der Statue of Liberty vorbei nach New York glitt, begleitet von einem Feuerlöschboot und mehreren TV-Helikoptern. Vor der Kulisse von Midtown Manhattan begann der spektakuläre Reveal: Ein riesiger Spezialhubschrauber flog über das Deck der „QE2" und hob den gläsernen Container mit dem Maybach vorsichtig in die Höhe, darunter ein riesiges Banner mit dem Markenlogo. Der Maybach schwebend vor der Skyline von New York – das Bild, das um die Welt ging. Millionen von Amerikanern verfolgen den Reveal live im Frühstücksfernsehen.

Auch der Schauplatz der anschließenden Produktpräsentation war ebenso symbolträchtig wie medienwirksam: Wall Street. In einem historischen Börsensaal erlebten 400 Journalisten, 31 TV-Teams und Dutzende von Fotografen die Vorstellung der Limousine in einer dynamischen Mischung aus Wort, Bild und Film, die den News-Charakter des Events betonte. Das Finale bildete die Einfahrt des Maybach, der – nunmehr aus eigener Kraft und eskortiert von Polizeimotorrädern – über die abgesperrten Straßen von Downtown Manhattan direkt in den Präsentationsraum fuhr.

Als besondere Herausforderung bei der Umsetzung erwiesen sich vor allem die umfangreichen Sicherheitsvorkehrungen in New York nach dem 11. September. So wurden die behördlichen Genehmigungen wie Straßensperrungen oder Überflugrechte für Helikopter erst nach langwierigen Verhandlungen ausgestellt. Besonderes Fingerspitzengefühl erforderte auch die technische Umsetzung. So musste bei der Konstruktion des gläsernen Containers für die Atlantiküberquerung um jedes Gramm gekämpft werden, um den Helikopterlift überhaupt möglich zu machen.

Die erfolgreichste Automobilpremiere aller Zeiten

Nach Analysen verschiedener Medienforschungsinstitute, darunter „Prime Research", das die gesamte Einführung mit Analysen begleitete, war die Maybach-Einführung die erfolgreichste Automobilpremiere aller Zeiten.

Alleine zwischen Juni und August 2002 wurden weltweit 411 TV-Beiträge ausgestrahlt. Insgesamt wurden die Bilder aus New York von rund einer halben Milliarde Menschen wahrgenommen. Zusätzlich erschienen zwischen dem 1. Juli und dem 15. August alleine in den G8-Staaten rund 250 ausführliche Printartikel, von denen 98 Prozent positiv oder sehr positiv waren. Unter dem Strich übertraf der PR-ad-value das Investment in das Projekt um ein Vielfaches.

Auch das Eventformat und die Inszenierung stießen bei den Medien auf eine ebenso breite wie außergewöhnlich positive Resonanz. Für „CBS" war es „the top of carunveilings", für den „Auto Express" (UK) „the automobile launch to top all automobile launches", für die „New York Times" einfach ein „Grand entrance to New York". Die „Bunte" schrieb: „Noch nie ist ein Auto so spektakulär aus der Taufe gehoben worden", und für „auto motor und sport TV" war der PR-Event „die wahrscheinlich spektakulärste Markteinführung seit es Marketing gibt". Das wichtigste Ergebnis aber war: Quasi über Nacht wurde Maybach tatsächlich zum globalen Gesprächsthema. Die Weltpremiere hatte ihr Ziel erreicht.

Epilog: erste Testfahrten auf heimischem Terrain

Die Maybach-Weltpremiere war zwar der zentrale Big Bang, aber bei weitem noch nicht das Ende der PR-Kampagne. Drei Wochen nach der Präsentation von New York folgte die Eröffnung des Center of Excellence in Sindelfingen, des neuen Kunden- und Beratungszentrums der Marke. Von hier aus werden auch die weltweiten Vertriebs- und Serviceaktivitäten zentral gesteuert.

Im Oktober 2002 feierte der Maybach 57, die kürzere Variante des 62, seine Weltpremiere auf dem Pariser Automobilsalon und generierte eine weitere Welle der Berichterstattung. Als Dialogplattform mit den Medien diente hier ein spezieller „Maybach Club" im Luxushotel „Plaza Athénée", das wie die Automarke in den Zwanzigerjahren des letzten Jahrhunderts seine Geburtsstunde feierte und Anfang des 21. Jahrhunderts nach umfassender Renovierung ein glanzvolles Comeback feiert.

Den Schlussakt des ereignisreichen „Maybach-Jahres" 2002 bildete schließlich die internationale Presse-Fahrvorstellung im November und Dezember, bei der ausgewählte internationale Fachjournalisten die Highendlimousinen erstmals dynamisch erleben und selbst fahren konnten. Nach den vorangegangenen Maybach-Events gab es in der Branche einige Spekulationen darüber, wo die Veranstaltung wohl stattfinden würde, nachdem ein deutscher Wettbewerber kurz zuvor für die Testfahrten mit seinem neuesten Premiumprodukt nach Dubai eingeladen hatte. Umso größer war die Überraschung, als Anfang Oktober die Einladungen verschickt wurden: nach Deutschland.

Natürlich hatte sich das PR-Team vorgenommen, für Maybach keine reguläre Fahrpräsentation zu veranstalten. Stattdessen sollten die Gäste im Mutterland der Marke das erleben, was zuvor der Maybach im Rahmen seiner Weltpremiere erlebt hatte: „Eine Reise zu Lande, zu Wasser und in der Luft". Ziel war es, die beiden Limousinen an unterschiedlichen Orten in einem dem Produkt entsprechenden Umfeld zu präsentieren.

Die Umsetzung: Die Testfahrten mit der Repräsentationslimousine Maybach 62 fanden – mit Chauffeur – in und um Hamburg vor der Kulisee feudaler Villen und großzügiger Gutshöfe statt, die Tests mit dem als „Selbstfahrerlimousine" positionierten Maybach 57 zwischen Stuttgart und Frankfurt im Ambiente von Technologie, Hochhausarchitektur und modernem Design. Den Transfer dazwischen übernahmen private Jets der konzerneigenen Fluggesellschaft DC Aviation sowie die 41-Meter-Yacht „Xenia“, die als luxuriöse Fähre für das Überqueren der Elbe vom Hotel zum Airbusflugplatz Finkenwerder fungierte. Auch bei dieser Idee stand die Geschichte Pate. So wurde die Xenia auf der berühmten Lürssen-Werft in Bremerhaven gebaut, deren erste Schnellboote in den Zwanzigerjahren in Kooperation mit Maybach entstanden.

Glaubwürdigkeit als oberstes Ziel

Ein Jahr nach Ende der Einführungskampagne kann Maybach mit über 800 Fahrzeugauslieferungen als weltweit etabliert gelten. Entscheidend für den PR-Erfolg waren dabei nicht nur die Strategie des „staggered launch“, die Dramaturgie der Maßnahmen oder der Aufwand der Inszenierungen, sondern vor allem die Glaubwürdigkeit der dabei kommunizierten Geschichten. Im Vordergrund der Maybach-PR stand nie der Effekt um des Effekts willen. Vielmehr ging und geht es stets darum, den Medien eine Fülle von sorgfältig recherchierten und journalistisch ausgearbeiteten Themen und Informationen anzubieten, denen das PR-Team im Rahmen der Events lediglich einen emotionalen Mehrwert und einen zusätzlichen inszenatorischen „Kick“ gegeben hat.

Wo immer sie heute im Straßenbild auftauchen, erregen Maybach 57 und 62 großes Aufsehen. Wenn dabei auch vom „Mythos Maybach“ gesprochen wird, liegt das zuerst an der großen Geschichte der Marke, aber auch an der Inszenierung ihrer Wiedergeburt, die dazu beigetragen hat, einen neuen Mythos zu etablieren. <

General Motors Europe AG

Das Auto radikal verändern

Der „Opel Fuel Cell Marathon"

Von Tony Cervone und Karin Kirchner

PRODUCT BRANDING

> Das Auto, wie wir es heute kennen, mit einem Verbrennungsmotor als Antrieb, Mineralöl als Energiequelle und mechanischen Verbindungen zum Lenken, Bremsen und Beschleunigen, wurde vor über 100 Jahren entwickelt. „Während das Automobil im Hinblick auf Umweltaspekte, Energieverbrauch, Sicherheit und Design natürlich erheblich verbessert wurde, ist sozusagen der genetische Code des heutigen Autos dem der Fahrzeuge von vor 100 Jahren recht ähnlich. Derweil haben andere Branchen durch neue Technologien und Innovation radikale Veränderungen durchlaufen", erklärt Larry Burns, GM Vice President Research & Development and Planning. Was eine radikale Veränderung des Autos heute möglich macht, ist das Zusammentreffen von Brennstoffzellen- mit By-Wire-Technologie und Computersoftware, wodurch beispielsweise Steer-by-Wire-Lenksysteme sowie elektronische Brems- und Fahrwerkregelsysteme möglich werden. Das Konzeptfahrzeug AUTOnomy von General Motors, das zum ersten Mal auf der Detroit Motor Show 2002 vorgestellt wurde, war das erste Fahrzeug, das rund um die Brennstoffzellentechnologie gestaltet und entwickelt wurde. Im Brennstoffzellenblock, an Bord des Fahrzeugs, wird in einem elektrochemischen Prozess, in dem Wasserstoff und Sauerstoff aus der Luft reagieren, elektrische Energie erzeugt, die den Elektromotor und andere Komponenten antreibt. Dieses Antriebskonzept in Kombination mit dem skateboardartigen Fahrwerk des AUTOnomy ermöglicht eine Vielfalt von Fahrzeugtypen (Coupés, Limousinen, Transporter), die auf einer geringen Anzahl von Fahrzeugarchitekturen gebaut werden können, und das wahlweise mit Vorder-, Hinter- oder Allradantrieb. Aus dem Auspuff kommt lediglich reines Wasser beziehungsweise Wasserdampf. Nur acht Monate nach der Premiere des AUTOnomy folgte der fahrbare Prototyp, der Hy-Wire, ein Brennstoffzellenfahrzeug mit separatem Fahrwerk und Karosserie, die durch By-Wire-Technologie miteinander verbunden sind. Lenkung, Bremsen und andere Systeme werden nicht mehr mechanisch, sondern elektronisch gesteuert. Das eröffnet gänzlich neue Möglichkeiten für das Innendesign.

3- STUFEN-ROADMAP FÜR NACHHALTIGE MOBILITÄT:

- **Kurzfristig: weitere Optimierung von Benzin- und Dieselverbrennungsmotoren.**
- **Mittelfristig: Erhöhung der Anzahl von erdgasbetriebenen Fahrzeugen und Einführung von Hybridfahrzeugen (Kombination von Verbrennungsmotor und Elektroantrieb).**
- **Langfristig: emissionsfreie Mobilität durch Wasserstofffahrzeuge mit Brennstoffzellenantrieb.**

Die dreistufige Geschäftsstrategie

GM hält die Weiterentwicklung des Automobils auf Grund folgender Erwägungen für besonders wichtig: Auf unserer Erde leben derzeit 6 Milliarden Menschen, von denen 12 Prozent ein Auto besitzen. Das macht rund 700 Millionen Autos. Allerdings strebt der Großteil der Weltbevölkerung nach einem eigenen Fahrzeug, weil es Freiheit und Unabhängigkeit bedeutet. Deshalb gehen Schätzungen davon aus, dass sich die Anzahl der Autos bis 2030 auf 1,5

Im Rahmen des „Opel Fuel Cell Marathon – powered by GM“ legte der HydroGen3 9.696 Kilometer zurück.

Milliarden verdoppeln wird. Diese Kalkulation basiert auf der Annahme, dass von den dann 8 Milliarden Menschen auf der Erde rund 17 Prozent ein eigenes Auto besitzen werden. Diese Tatsache bringt nicht nur hervorragende Wachstums- und Absatzchancen, sondern auch ernst zu nehmende Herausforderungen mit sich. Schließlich nimmt das Automobil großen Einfluss auf unseren Lebensraum, vor allem, was unseren Energiebedarf, Umweltfragen, Sicherheitsbelange und die Kapazität der Infrastruktur betrifft.

Milliarden Investitionen in die Entwicklung

Die Entwicklung von Brennstoffzellenfahrzeugen stellt General Motors' langfristige Strategie bezüglich zukünftiger Antriebssysteme dar, denn diese arbeiten energieeffizient und bei Verwendung von Wasserstoff aus erneuerbaren Quellen völlig emissionsfrei. GM hat bisher über 1 Milliarde US-Dollar in die Entwicklung von Brennstoffzellenautos investiert. Rund 600 Forscher und Ingenieure arbeiten daran, diese Fahrzeugtechnologie bis 2010 kommerziell realisierbar weiterzuentwickeln. Dazu bedarf es natürlich eines Brennstoffzellenantriebs, der in Bezug auf Kosten, Leistungsfähigkeit und Lebensdauer mit den heutigen Motoren mithalten kann. Ist dies erst einmal erreicht, hängt es von mehreren Faktoren ab, wie schnell sich attraktive, sichere und erschwingliche Brennstoffzellenautos durchsetzen werden, zum Beispiel von der Verfügbarkeit des Wasserstoffs. GM hat sich das Ziel gesetzt, als erstes Unternehmen 1 Million Brennstoffzellenautos Gewinn bringend zu verkaufen. Nur wenn ein hohes Absatzvolumen erreicht wird, können sich die positiven Auswirkungen auf die Umwelt einstellen und die Fahrzeuge wirtschaftlich produziert werden.

Heute und in naher Zukunft wird General Motors seine Forschungs- und Entwicklungsaktivitäten parallel dazu auf die Optimierung seiner Benzin- und Dieselverbrennungsmotoren konzentrieren, unter anderem durch verbesserte Kontrollsysteme, zum Beispiel die Displacement-on-Demand-Technologie, eine partielle, automatische Zylinderabschaltung. Bis das Brennstoffzellenauto wirklich kommt, sieht GM mittelfristig Erdgasautos und Hybridelektrofahrzeuge als wichtige Zwischenstufen.

„Aus dem Auspuff kommt nur Wasser"

Wenn man auf Grundlage dieser dreistufigen Geschäftsstrategie Zielvorgaben für die Kommunikation formuliert, ist es besonders wichtig, die richtige Balance zwischen heutigen und zukünftigen Technologien zu finden. Schließlich finanziert GM die Entwicklung der Zukunftstechnologie heute durch den Verkauf von Verbrennungsmotoren. Außerdem sind nicht alle Entscheidungsgremien innerhalb des Konzerns davon überzeugt, dass man eine Technologie heute kommunizieren sollte, die erst in mehreren Jahren kommerziell genutzt werden kann. Die Aufgabe der GM-Kommunikationsabteilung liegt also darin, die Fortschritte entlang der gesamten dreistufigen Entwicklungsstrategie zu vermitteln. Dieser Artikel konzentriert sich darauf, darzustellen, wie die Kommunikationsexperten von General Motors die führende Rolle des Unternehmens in der Entwicklung von Brennstoffzellenautos kommunizieren.

GMs Kommunikationsstrategie für Brennstoffzellenautos basiert hauptsächlich auf Public Relations und einem sehr begrenzten Einsatz von Unternehmenswerbung in meinungsbildenden amerikanischen Publikationen. Alle größeren PR-Aktivitäten stellen Interaktion, Dialog und das persönliche Erleben der neuen Technologie in den Mittelpunkt, vorzugsweise über Testfahrten mit den Prototypen. Wenn es darum geht, ein bahnbrechendes neues Konzept wie das Brennstoffzellenauto zu vermitteln, sind interaktive Elemente der beste Weg, um Missverständnisse und Ängste vor dem Unbekannten aus dem Weg zu räumen. Der direkte Kontakt zwischen Pressevertretern und Unternehmensexperten ist auch besonders geeignet, um sowohl Fachjournalisten mit soliden Technologiekenntnissen als auch Skeptiker zu überzeugen.

Bei der Kommunikation eines derart revolutionären Konzeptes besteht der erste Schritt allerdings darin, den Zielgruppen zu verdeutlichen, dass die neue Technologie für sie selbst, für die Gesellschaft und – wenn es sich um Medienvertreter handelt – für Leser und Zuschauer relevant ist. Dies kann auf zwei miteinander verbundenen Wegen erreicht werden: Es hilft sehr, wenn die Medien das Thema über eine breite Diskussion aufgreifen und ein Bewusstsein für die jeweiligen Zusammenhänge schaffen: in diesem Fall für unsere Abhängigkeit von einer Energiequelle, die nicht sehr effizient ist und letztlich versiegen wird. Die verstärkte Medienberichterstattung über die zunehmende Knappheit von Rohöl löste auch eine Diskussion über alternative Energiequellen aus. Und die Ölpreisdebatte, die seit Anfang des Jahres geführt wird, hat geholfen, das Thema auf die öffentliche Tagesordnung zu setzen. Automobilunternehmen wie General Motors kommunizieren die Bedeutung der Brennstoffzellentechnologie dadurch, dass sie ihren konsequenten Einsatz für diese Technologie vermitteln. Einerseits, indem kommuniziert wird, welche beträchtlichen Ressourcen das Unternehmen in die neue Technologie investiert, andererseits, indem die Entwicklungsfortschritte in Form von ständig verbesserten Fahrzeugen demonstriert werden können.

Eine schlüssige Kommunikation bedarf aber auch des kontinuierlichen Einsatzes von Vertretern der Führungsebene, die die Errungenschaften des Unternehmens glaubwürdig vermitteln. Wenn die Presse Ihr Unternehmen kontaktiert, um den Standpunkt des Unternehmens zu einem Thema zu erfahren, wissen Sie, dass Ihre Führungskräfte und Sprecher gute Arbeit geleistet haben. „Wenn immer mehr Pressevertreter um ein Interview zu diesem Thema bitten, wissen Sie, dass die Frage der Relevanz kein Problem mehr darstellt", bestätigt Johan Willems, Director Product Communications bei GM Europe.

Von Technikbegeisterten zu Kunden

Seit 1998 und insbesondere seit 2000 hat GM seine Kommunikationsarbeit rund um die Wasserstofffahrzeuge ausgebaut. Während die ersten Aktivitäten in Europa, beispielsweise Fahrtests mit den ersten fahrbaren Prototypen der Brennstoffzellenautos, sich vor allem an die technische Fachpresse richteten, ist die Zielgruppe nun auf bedeutende Automagazine sowie täglich oder wöchentlich erscheinende Zeitungen und Zeitschriften ausgeweitet worden. Dabei reichen die Aktivitäten von Demonstrationsprojekten über Führungen durch GM-Forschungszentren, Fahrtests, spezielle Webseiten, Technologieausstellungen und Präsentationen bis zur Ausstellung auf großen Automobilmessen. Sie richten sich an wichtige Vertreter aus Medien und Politik, Technologiebefürworter, Geschäftspartner, Energieunternehmen, Mitarbeiter, Investoren, Nichtregierungsorganisationen, Professoren, Studenten und die interessierte Öffentlichkeit. Mit seinen jüngsten Aktivitäten, zu denen nationale und lokale Medienvertreter, Politiker, Professoren, Studenten und alle, die sich für diese neue Technologie interessieren, eingeladen werden, zielt GM auf eine größere Verbreitung seiner Botschaften. Indirekt spricht GM dadurch auch vorhandene und potenzielle Kunden an. Der Kommunikationswettbewerb um die Innovationsführerschaft hat in den vergangenen Jahren enorm zugenommen. Zusätzlich hat der „Hybridboom" eine etwas verzerrte Botschaft vermittelt. Bei Hybridfahrzeugen (diese kombinieren Elektro- und Verbrennungsmotor) geht es letztendlich nur um eine Reduzierung des Treibstoffverbrauchs. Die Entwicklung von Brennstoffzellenautos bedeutet hingegen eine wahrhaftige Revolution, da sie die Basis für eine emissionsfreie individuelle Mobilität und die Unabhängigkeit vom Erdöl bietet. Allerdings genügt es nicht, die Führung in der Entwicklungsarbeit zu übernehmen. Um als Innovationsführer erkannt zu werden, muss ein Unternehmen sich auch durch eine herausragende und kontinuierliche Kommunikation hervortun. Aus diesem Grund hat General Motors mehrere weltweite Technologieworkshops, Ausstellungen und Veranstaltungen ins Leben gerufen, um seine Forschungsaktivitäten und -ergebnisse, die Fortschritte bei der Fahrzeugleistung und Alltagstauglichkeit ins Licht der Öffentlichkeit zu rücken. Umfragen unter amerikanischen Journalisten haben gezeigt, dass General Motors heute als Pionier und ehrgeizigstes Unternehmen der Automobilbranche angesehen wird.

Zwei Ansätze der Innovationskommunikation

In einer Welt, die schnelle Ergebnisse verlangt, können ein langfristiger Ansatz und dessen Kommunikation eine große Herausforderung darstellen. GM verfolgt in seiner Innovationskommunikation zwei strategische Ansätze. Einerseits nutzt das Unternehmen futuristische Modelle, zum Beispiel AUTOnomy und Hy-Wire, um revolutionäre Technologien erfolgreich zu kommunizieren, wie viele Titelblattplatzierungen dokumentieren. Andererseits greift es auf bestehende Modelle, wie den Opel Zafira, zurück, um zu zeigen, dass die revolutionäre Technologie perfekt auf bereits heute verbreitete Autos angewandt werden kann. Die Vertrautheit mit dem bekannten Fahrzeug, in diesem Fall dem Opel Zafira, hilft vorhandenen und potenziellen Kunden, sich vorzustellen, dass das Fahrerlebnis sich kaum ändern wird und die Markteinführung der Technologie kurz bevorsteht. Auch die Tatsache, dass die Technologie bequem unter der Motorhaube des Opel Zafira Platz findet, unterstreicht, dass die Serienreife nicht allzu fern ist.

Der auf Basis des Opel Zafira entwickelte Brennstoffzellenversuchsträger HydroGen3 hat vor kurzem den bestehenden Weltrekord in der Fahrreichweite von Brennstoffzellenfahrzeugen fast verdoppelt. Damit folgt er dem Beispiel seines Vorgängers, des HydroGen1, der im Jahr 2001 15 Weltrekorde aufstellte. Im Rahmen des „Opel Fuel Cell Marathon – powered by GM" legte der HydroGen3 9.696 Kilometer zurück, von Hammerfest im Norden Norwegens durch 14 europäische Länder bis ans Cabo da Roca in der Nähe von Lissabon, Portugal. Dieser Langstreckentest fand in Kooperation mit der AutoBild-Gruppe statt, deren Redakteure das Fahrzeug auf 20 Tagesetappen von jeweils etwa 500 Kilometern testeten. Obwohl sich die meisten Komponenten noch im Prototypenstadium befinden, hat sich GM entschieden, dieses Experiment öffentlich durchzuführen. Die am Marathon teilnehmenden Journalisten schätzten den direkten Einblick in die Entwicklungsarbeit und die offene Kommunikation während der Tour.

Der Marathon selbst war jedoch nur einer von drei Aspekten dieses Multi-Target-Group-PR-Konzeptes. Zusätzlich zum Alltagstauglichkeitstest, dessen Verlauf im Internet verfolgt werden konnte, setzte GM ein mobiles Veranstaltungskonzept mit zwei Komponenten um. In Zusammenarbeit mit angesehenen technischen Universitäten organisierte GM Fachpräsentationen und Konferenzen in 15 großen europäischen Städten, die von einer GM-Wanderausstellung begleitet wurden. Die Wanderausstellung bot zugleich die Veranstaltungsplattform für 15 Pressegespräche mit Fahrtests an den jeweiligen Universitätsstandorten. Das Highlight der einzelnen Pressegespräche war jeweils die Verabschiedung des Marathonfahrzeugs auf seine nächste Etappe, während die geladenen Pressevertreter und Meinungsführer – unter anderem drei EU-Kommissare, die norwegische und der dänische Verkehrsminister/in und britische Parlamentarier – eine kurze

At General Motors, we define sustainable development as our commitment to integrate economic, environmental and social objectives into our long-term strategic planning, as well as our daily business decisions. We believe sustainable development can be a competitive advantage for us, if we move fast and take a leadership role in applying the principles and lessons of sustainability in all facets of our business around the world."
Rick Wagoner, Chairman and Chief Executive Officer, GM Corporation

Probefahrt mit einem zweiten Fahrzeug machen konnten.

In Rahmen dieser Veranstaltungen lud jeder Landes-PR-Manager eine ausgewählte Gruppe von Meinungsführern ein. GM organisierte ein großes Gipfeltreffen von EU-Repräsentanten und Vertretern der nationalen Regierungen und Medien in Brüssel. Den Schwerpunkt der universitären Veranstaltungen bildeten der Dialog mit Forschungsexperten und Studenten und die begleitende Pressearbeit. Mitarbeiter und Regionalpolitiker wurden zu Veranstaltungen eingeladen, die in der Nähe der GM-Standorte stattfanden.

Eine reibungslose Zusammenarbeit zwischen den verantwortlichen Ingenieuren und Forschungsexperten sowie den aus einem europäischen Projektmanagement und den Länderorganisationen bestehenden PR-Teams war eine essenzielle Voraussetzung für den Erfolg dieses logistisch anspruchsvollen Projektes, schließlich durchquerten die Marathon- und Roadshowteams innerhalb von 38 Tagen 14 Länder. Ein Foto- und Videoteam dokumentierte die Fortschritte anhand täglich aktueller Fotos, Texte und Videoclips auf der Pressewebseite. Ein Cutter und ein mobiler Schnittplatz begleiteten die Tour, um bei den jeweiligen Pressegesprächen zeitnahes Filmmaterial aushändigen zu können.

Die Berichterstattung über Brennstoffzellenautos bestimmen

Ein Blick auf die Ergebnisse des Brennstoffzellenmarathons verdeutlicht den Erfolg der Aktivitäten. Die Veranstaltungen an den 15 Standorten stießen auf großes Interesse. An den Pressegesprächen nahmen zwischen 25 und 80 und an den universitären Veranstaltungen zwischen 100 und 400 Personen teil. Die Wanderausstellung wurde an jedem Standort von einigen Hundert Besuchern frequentiert. 37 Fernsehteams und 375 Journalisten machten eine Probefahrt mit dem HydroGen3. Zwischen April und Juli 2004 wurden 35 Fernsehberichte ausgestrahlt, die von etwa 29 Millionen Fernsehzuschauern gesehen wurden, und die Printmedien veröffentlichten mehr als 430 Berichte, die zusammen schätzungsweise 194 Millionen Leser erreichten. Die kontinuierliche Marathonberichterstattung der Testfahrer wurde von 26.144 verschiedenen Besuchern in 51.052 Sitzungen im Internet verfolgt. Die begleitende Medienanalyse zeigte, dass GM seine Stimmenführerschaft bei Medienberichten zu Brennstoffzellenautos das vierte Jahr in Folge erreichen konnte. Neben der umfassenden Medienberichterstattung erreichte GM auch sein zweites Ziel: die Ausweitung des Dialogs.

Jeder will das Auto der Zukunft haben

Innovationskommunikation birgt mehrere Herausforderungen und Chancen: Sie vermittelt neue Technologien an Menschen, die diese möglicherweise als für sie noch nicht relevant empfinden. Sie erzeugt Erwartungen, die das Unternehmen oder die Branche möglicherweise nicht erfüllen kann, da sie keine vollständige Kontrolle über alle Faktoren und Akteure haben, die über die erfolgreiche Umsetzung und Marktakzeptanz entscheiden. Zugleich öffnet sie jedoch Türen in das Unternehmen, die ansonsten zumeist verschlossen bleiben, und schafft damit ein hohes Maß an Glaubwürdigkeit sowie den Eindruck von Kompetenz im Hochtechnologiebereich. So kann sich das Unternehmen als Technologie- und Strategieführer positionieren. Es kann sich eine Innovation zu Eigen machen und als führender Entwickler der neuen

Innovativer Multi-Target-Group-Ansatz: Roadmap des Brennstoffzellenmarathons.

Technologie auftreten. Auf diese Weise kommuniziert das Unternehmen Offenheit und Innovationsfähigkeit, Erfindergeist, Kompetenz und Zukunftsausrichtung – eine Reihe von Markenassoziationen, die wiederum das Anlegervertrauen sowie den Stolz und die Loyalität der Mitarbeiter und Kunden stärken oder dem Unternehmen helfen, neue Kunden zu gewinnen.

Jeder will das Auto der Zukunft haben. Es handelt sich mittlerweile um einen der am härtesten umkämpften kommunikativen Konkurrenzplätze der Automobilindustrie. Die Zukunftskompetenz wird GM in den Köpfen der Zielgruppen allerdings nur dann nachhaltig zugeschrieben, wenn weiterhin kontinuierlich, konsistent und schlüssig agiert und kommuniziert wird. <

Merck KGaA

Internationale Kommunikationskampagne für Flüssigkristalle

Faszination einer Zukunftstechnologie mit Vergangenheit

Von Walter Huber und Judith Rahner

PRODUCT BRANDING

> Das Geheimnis von Handydisplays, Computerflachbildschirmen und flachen Fernsehgeräten beruht auf der Flüssigkristalltechnologie: Innovative Chemikalien zaubern Bits und Bytes auf fast jedes Display. Bei Merck – weltweit Marktführer bei Flüssigkristallen, die in hochwertigen Displays eingesetzt werden – gehört das Geschäft mit Flüssigkristallen (engl. liquid crystals, LCs) zu den Kernaktivitäten.

Die Erfolgsgeschichte der Flüssigkristalle hat Merck als strategisches Kommunikationsziel für die externe und interne Kommunikation festgelegt. Mit einer internationalen Kommunikationskampagne, die ihren Schwerpunkt im Jahr 2004 hatte, wurden vor allem zwei Ziele verfolgt: Zum einen sollte der Bekanntheitsgrad des Unternehmens und der Marke Merck durch die Verbindung mit den Flüssigkristallen in der Öffentlichkeit erhöht werden. Zum anderen sollte durch eine intensive Kundenkommunikation die erfolgreiche Zusammenarbeit mit den Displayherstellern gestärkt und die Innovationsfähigkeit des Unternehmens in den Fokus gerückt werden. Für beide Vorhaben war es unerlässlich, die Kampagne international zu gestalten. Während die Endkunden für Displays nahezu überall in der Welt zu finden sind, sind fast alle Displayhersteller – die direkten Kunden von Merck – im asiatischen Raum ansässig.

Zwei Ereignisse als Ansatzpunkt

Im November 2003 wurden drei Merck-Forscher mit dem begehrten Deutschen Zukunftspreis – Preis des Bundespräsidenten für Technik und Innovation – ausgezeichnet: Ihre innovative Entwicklung einer neuen Generation von Flüssigkristallen ermöglicht Displays mit äußerst kurzen Schaltzeiten und erweitertem Blickwinkel. Diese so genannte Vertical-Alignment-(VA)-Technologie schafft die Voraussetzung für großformatige LCD-Fernseher. Die große Medienresonanz des Deutschen Zukunftspreises war der geeignete Auftakt für die Kommunikationskampagne. Medien in aller Welt berichteten über den Preis. Es gelang damit, die Personen zu zeigen, die an der Erfindung der VA-Technologie beteiligt waren. So konnte den Themenbereichen Forschung und Innovation ein Gesicht gegeben werden.

Für eine intensive Kommunikationskampagne im Jahr 2004 gab es noch einen weiteren Anlass: Die Flüssigkristalle feierten bei Merck ihren 100. Geburtstag. Eine gute Gelegenheit, den Weg ihrer Erfolgsgeschichte aufzuzeigen, der bisweilen auch steinig war: Von einer wissenschaftlichen Kuriosität entwickelten sich die Flüssigkristalle zum weltweit erfolgreichen und rasant wachsenden Geschäft. Diese Erfolgsgeschichte verbindet die Unternehmenswerte Innovation, Pioniergeist und Tradition, und sie zeigt, wie wichtig es ist, in der Forschung einen langen Atem zu haben.

Botschaften verknüpfen Vergangenheit und Zukunft

Auf Basis dieser beiden Ereignisse mit den übergeordneten Themen Vergangenheit und Zukunft wurden drei Kernbotschaften entwickelt. Erstens wurde gezeigt, dass es ohne Flüssigkristalle heute kein LC-Display in Mobiltelefonen, Bildschirmen oder Fernsehern gäbe. Der hierfür entwickelte Slogan „Merck Makes Communication Visible" verdeutlicht den Blick durch die Brille des Kunden, den primär der Nutzen des Endprodukts interessiert. Zweitens war es wichtig darzustellen, dass Merck heute

Weltmarktführer für hochwertige Flüssigkristalle ist und dies dem langen Atem bei der Forschung verdankt – den das Unternehmen über einen Zeitraum von 100 Jahren bewiesen hat. Dieses Engagement ist noch lange nicht zu Ende, denn die Forscher entwickeln innovative Substanzen, die in Zukunft immer größere und leistungsfähigere Displays möglich machen. Drittens war es ein Ziel, die Vorteile der LC-Displays in der Öffentlichkeit bekannt zu machen: Sie haben einen niedrigeren Stromverbrauch, ein geringeres Gewicht, sind strahlungsfrei und haben eine längere Lebensdauer als herkömmliche Kathodenstrahlmonitore.

Diese drei Kernbotschaften bildeten den roten Faden für die externe Kommunikation. Über die interne Kommunikation nahmen alle Mitarbeiter an der Kampagne „100 Jahre Flüssigkristalle" teil – mit einer ausführlichen Berichterstattung in der Mitarbeiterzeitung „pro" und bei verschiedenen Veranstaltungen.

Medienkampagne kombiniert mit Kundenbindungsaktivitäten

Die Verleihung des deutschen Zukunftspreises im November 2003 brachte eine beachtliche Medienresonanz: Rund 3.600 Berichte in Printmedien, Fernsehen und Hörfunk wurden gezählt. Sogar einige asiatische, insbesondere japanische Medien berichteten über das Thema Flüssigkristalle. Besonders der Besuch von Bundespräsident Rau im April 2004 in Darmstadt schuf Aufmerksamkeit: Die Preisträger stellten dem Bundespräsidenten vor Ort ihre Arbeit vor und standen im Rah-

men einer Pressekonferenz den anwesenden Journalisten Rede und Antwort. Diese Ereignisse, die die drei Kollegen aus der Flüssigkristallforschung von heute auf morgen zu begehrten Interviewpartnern machten, dienten der Kommunikation als Basis für weitere Aktivitäten.

Da die meisten Displayhersteller in Asien sind, war es ein wichtiges Ziel, die Kommunikationsaktivitäten international auszurichten, um dort stärker präsent zu sein. Auftakt hierfür war eine Pressekonferenz im Mai 2004 in Tokio, bei der Merck die Ausweitung seiner LC-Fertigungskapazitäten in Asien bekannt gab. Mit einer Ausstellung und Vorträgen für Kunden und Wissenschaftler präsentierte sich das Unternehmen ebenfalls im Mai auf der internationalen Konferenz „Displays and Vacuum Electronics 2004" in Garmisch.

Der Höhepunkt der 100-Jahr-Feier

Als Rahmen für die offizielle Jubiläumsfeier „100 Jahre Flüssigkristalle" wurde das internationale Symposium der Society for Information Displays (SID) ausgewählt. Die SID-Konferenz, das größte Treffen der internationalen Displaywelt mit rund 9.000 Branchenvertretern und Wissenschaftlern, fand Ende Mai 2004 in Seattle, USA, statt. Das dortige Museum of Flight, wo sich Geschichte und Zukunft treffen, bot das geeignete Ambiente für die Hauptveranstaltung: 650 Gäste aus Industrie und Forschung erlebten einen unterhaltsamen Abend. Der Vorsitzende der Geschäftsleitung von Merck, Professor Dr. Bernhard Scheuble, führte durch die Geschichte der Flüssigkristalle und bedankte sich besonders bei den

Kunden von Merck für die langjährige gute Zusammenarbeit. Abgerundet wurde der Abend durch die Premiere eines Kurzfilms, der die 100 Jahre Flüssigkristalle Revue passieren ließ. Begleitend zu dieser intensiven Kundenkommunikation veranstaltete Merck im Rahmen der SID eine Pressekonferenz, an der rund 50 Journalisten teilnahmen. Sowohl Professor Dr. Bernhard Scheuble als auch Professor Thomas Schreckenbach, das für den Unternehmensbereich Chemie zuständige Geschäftsleitungsmitglied, sowie Dr. Paul Breddels, Leiter der Sparte Liquid Crystals, standen für Interviews zur Verfügung.

Kontinuierliche Verbreitung der Botschaften

Weitere Veranstaltungen und öffentlichkeitswirksame Aktivitäten folgten, um die Kernbotschaften einem breiten Publikum zugänglich zu machen:

- Juni 2004: Pressekonferenz in Taipeh, Taiwan, mit 25 Journalisten
- Juni 2004: Veranstaltung mit wichtigen Kunden und Regierungsvertretern aus Taiwan anlässlich der Grundsteinlegung für eine neue Anlage zur Herstellung von Flüssigkristallmischungen in Taoyuan, Taiwan
- Juni 2004: Platzierung der Flüssigkristalle als Auftaktmotiv der Kampagne „Chemie. Element unseres Lebens." des Verbands der Chemischen Industrie
- Juli 2004: Vorträge und Ausstellung „100 Jahre Flüssigkristalle" anlässlich der 20. Internationalen Flüssigkristallkonferenz in Ljubljana, Slowenien
- August 2004: Pressekonferenz zu LC-Neuheiten in Seoul, Korea, mit 26 Journalisten

Da der Umsatz mit Flüssigkristallen stark zum Geschäftserfolg der Merck-Gruppe beiträgt, war der Geschäftsbericht 2003 ein ideales Medium, um die Erfolgsgeschichte dieser Substanzen zu erzählen. Neben einem historischen Rückblick illustrierten großflächige, emotionale Fotos die Innovationsfähigkeit des Unternehmens. Erstmals dominierten Fotos, die die Nutzung der Technologie beim Endverbraucher zeigten, wie großformatige Fernseher oder Handys mit Farbdisplay.

Die Strategie der Fotoauswahl mit Motiven aus Sicht des Verbrauchers zieht sich als roter Faden auch durch die weiteren Publikationen. Sie alle transportieren den Slogan „Merck Makes Communication Visible".

Stellvertretend für die zahlreichen – oft wissenschaftlichen – Veröffentlichungen sollen hier zwei zentrale Publikationen erwähnt werden, die auch interessierte Laien ansprechen. Zum einen – ebenfalls von dem Ansatz geleitet, sowohl in die Vergangenheit als auch in die Zukunft zu schauen – das 80-seitige Buch „Die Geschichte der Zukunft – 100 Jahre Flüssigkristalle von Merck".

Für eine breite Zielgruppe gibt es eine Kurzfassung des Buchs sowie die zusammengefasste Information im Internet (www.geschichte.merck.de). Zum anderen – mit dem Fokus auf Gegenwart und Zukunft gerichtet – die interaktive CD-ROM „Schnelle Moleküle für bewegte Bilder – Entdecke die Welt der Flüssigkristalle". Der Nutzer erhält auf dieser CD-ROM in einer Multimediashow einen Überblick über Funktionsweise und Anwendungsgebiete von Flüssigkristallen sowie über den LC-Markt und lernt in der interaktiven Flash-Animation „LCD Explorer" spielerisch, wie die verschiedenen Flüssigkristalltechnologien funktionieren. Videofilme ergänzen das Spektrum multimedialer Kommunikation. Beide Publikationen sind auch im Internet abrufbar (www.publikationen.merck.de).

Happy End

Die gelungene internationale Koordination der Kampagne, eine sehr erfreuliche Medienresonanz im In- und Ausland, eine Verbesserung der Beziehung zu unseren Kunden, die positive Börsenbewertung auf Grund des Erfolgs des Flüssigkristallgeschäfts und eine gute Resonanz auf Seiten der Mitarbeiter – das sind Ergebnisse, die zeigen, dass sich die Mühen gelohnt haben. Als auch noch die Fachkreise eine professionelle Kommunikation attestierten und die internationale Kommunikationskampagne im April 2005 mit gleich zwei PR-Report-Awards für die beste Technologie-PR und die beste Internationale PR auszeichneten, war genau das gelungen, was Claudia Mast und Ansgar Zerfaß in ihrem Handbuch der Innovationskommunikation fordern: „Neue Ideen erfolgreich positionieren." <

PUMA AG

PUMA will zum begehrtesten Sportlifestyle-Unternehmen werden

Auf dem Sprung

Von Ulf Santjer

PRODUCT BRANDING

> Rückblick: Fußballweltmeisterschaft 1974, Endspiel. Deutschland gegen Holland. Johan Cruyff, PUMA-Partner und Kapitän der holländischen Mannschaft, streift sich sein Trikot über. Er trägt zwei Streifen auf dem Ärmel. Den dritten hat er entfernen lassen, weil er sich weigerte, für die Marke mit den drei Streifen zu spielen. Was für die einen ein handfester Skandal ist, stellt für die anderen das Symbol einer Marke dar, die bewusst Grenzen überschreitet und den Wettbewerb durch ihre Produktinnovationen immer wieder herausfordert. Wenn am 9. Juni 2006 die Fußballweltmeisterschaft in Deutschland angepfiffen wird, dann wird die Marke mit der Raubkatze im Logo auf dem grünen Rasen so präsent sein wie keine andere in diesem Turnier. Mit insgesamt elf Teams und zahlreichen Einzelspielern verfügt PUMA über das größte Portfolio und hat sich damit an die Spitze der Sportartikelunternehmen gesetzt. Ob mit der italienischen Nationalmannschaft, den afrikanischen WM-Debütanten wie Elfenbeinküste, Ghana und Togo oder mit der Fußballlegende Pelé – die Marke wird durch kreative Konzepte, den Einsatz neuer Technologien und innovative Designs erneut Akzente setzen mit dem Ziel, die Position als eine der führenden Fußballmarken weltweit nicht nur zu stärken, sondern weiter auszubauen. In den nächsten Wochen und Monaten werden weitere Bausteine dieser größten Kommunikationskampagne in der Unternehmensgeschichte vorgestellt. Dabei setzt PUMA nicht nur auf Sport, sondern auch auf einen entsprechenden Lifestyle.

Die Positionierung als begehrtestes Sportlifestyleunternehmen ist das Ergebnis einer langfristig orientierten Marken- und Unternehmensstrategie, die in den letzten zwölf Jahren konsequent umgesetzt und durch eine darauf abgestimmte Marken- und Unternehmenskommunikation entsprechend unterstützt wurde. Dazu gehört ein überzeugendes und nachhaltiges Kommunikationskonzept zur Schaffung von Markenbegehrtheit, das nicht nur den Turnaround und den Wiederaufstieg einer etablierten Marke erst ermöglicht hat, sondern auch in der Zukunft entscheidend zur Steigerung des Marken- und Unternehmenswertes beiträgt.

Phase I: Restrukturierung (1993–1997)

Nach der Übernahme des Vorstandsvorsitzes durch den damals 29-jährigen Jochen Zeitz 1993 beginnt die Phase I der langfristig angelegten Unternehmensentwicklung bei PUMA mit dem Ziel der konsequenten Restrukturierung. In dieser Phase konzentriert sich PUMA auf die Schaffung einer schlanken, effektiven und flexiblen Organisationsstruktur als Grundlage für künftiges Wachstum und die Möglichkeit, später gezielt in die Marke und den Aufbau von Markenbegehrtheit investieren zu können. Zu den wesentlichen Maßnahmen, die das Management einleitet, gehören zum Beispiel der Abbau von Unternehmenshierarchien, die Schaffung von Profit-Center sowie die Schließung aller noch verbliebenen eigenen Fertigungsbetriebe durch konsequentes Outsourcing. Durch die Bildung von Kernkategorien wie Fußball und Running werden die bis dahin äußerst diversifizierten Produktlinien gestrafft und die Gesamtzahl der Einzelprodukte deutlich reduziert. Die Entwicklung einer Unternehmenskultur, die unternehmerisches Denken, Teamarbeit und Kreativität fördert, ist dabei ein unverzichtbarer Bestandteil. Das Unternehmen konzentriert sich erstmals in seiner Firmengeschichte auf eine weltweite Markenstrategie, um das Image der Marke in den Kernmärkten zu stärken. Als wichtige Grundlage für die Umsetzung der neuen strategischen Zielsetzung

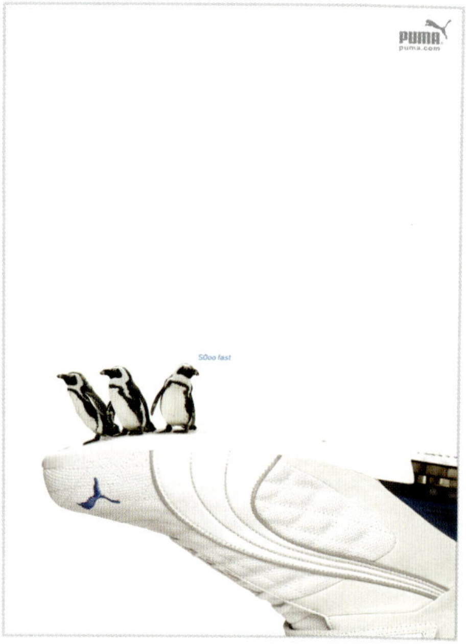

gilt die Markenkommunikation, deren erstes Ziel die Entwicklung einer Kommunikationsstrategie ist, die der Restrukturierung und Repositionierung von Marke und Unternehmen und damit den Anforderungen des Marktes gerecht wird und die Repositionierung von Marke und Unternehmen zum Inhalt hat.

Phase II: Repositionierung (1998–2001)

Nach erfolgreicher Restrukturierung beschließt PUMA, im Rahmen der Phase II der Unternehmensentwicklung aggressiv in die Marke zu investieren. Mit hohen Investitionen in Kommunikation sowie Produktdesign und Entwicklung verfolgt PUMA konsequent sein Ziel, langfristig „eine der begehrtesten Sportlifestylemarken der Welt" zu werden.

Bei der Markenkommunikation konzentriert sich das Unternehmen darauf, das Image als Sportlifestylemarke in den Schlüsselmärkten zu stärken und die Markenpräsenz zu erhöhen. Traditionelle Sponsoringausgaben werden zu Gunsten gezielter Investitionen in die Verbesserung der Produktverfügbarkeit umgeschichtet. Der Aufbau eines neuen, global ausgerichteten Portfolios an Promotionpartnern mit der Toptennisspielerin Serena Williams, dem Weltklasseleichtathleten Wilson Kipketer oder der kamerunischen Nationalmannschaft, die von ihrer Persönlichkeit her perfekt zur Marke passen, tragen entscheidend zur Schaffung der Markenbegehrtheit bei.

Eine Vorreiterrolle für die gesamte Branche nimmt PUMA ein, als das Unternehmen 1998 eine Kooperation mit der Modeschöpferin Jil Sander eingeht und damit die Verschmelzung von Sport und Mode begründet. Mit dieser Partnerschaft wird die Möglichkeit eröffnet, modische Designs zu entwickeln und der Marke damit Zugang zu neuen Zielgruppen zu verschaffen. Eine zentrale Rolle kommt dabei dem PR-Bereich zu: Mit Hilfe von gezieltem Product-Placement im Print- und TV-Bereich setzt das Unternehmen neue Akzente und erhöht seine

Markenpräsenz deutlich. Durch die strategische Allianz zwischen PUMA und seinem damaligen Anteilseigner Monarchy/Regency, einem der führenden Unternehmen der Unterhaltungsindustrie Hollywoods in den Bereichen Film, Fernsehen und Musik („Pretty Woman", „JFK", „City of Angels"), wird das Product-Placement zum wichtigsten Instrument der Markenkommunikation. PUMA-Produkte tauchen nicht nur regelmäßig in Regency-Produktionen auf. Mit Hilfe von gezielten Medienkooperationen nutzt PUMA das Know-how von Regency und geht in der Vermarktung seiner Athleten neue Wege.

Einhergehend mit den Investitionen in die Marke erfolgt der Auf- und Ausbau der internationalen Marken- und Unternehmenskommunikation. Neben der Erhöhung der Markenpräsenz im Segment der Sport- und Lifestylemedien sind gezielte PR-Kampagnen zur Unterstützung der Markenstrategie in der Fachhandelspresse notwendig, um das Profil der Marke im Handel zu stärken und sie für den Verbraucher zu einer echten Alternative am Point of Sale zu machen.

Phase III: Momentum (2002–2005)

Die Herausforderung in der dritten Phase der Unternehmensentwicklung ist die Kommunikation des innovativen Konzepts „Sportlifestyle". Sportlifestyle ist die Herausbildung eines neuen Marktes vor dem Hintergrund, dass die Verbraucher sportive Produkte und Styles nachfragen, die sie nicht nur im Fitnessstudio oder auf dem Spielfeld, sondern auch in der Freizeit tragen. Die Markenkommunikation trägt dieser modernen Interpretation des Begriffs Sport Rechnung, indem sie das Konzept Sportlifestyle thematisch immer wieder neu auflädt und damit das Image der Marke in den Zielgruppen weiter stärkt. Sport ist heute aktiver Lifestyle, unterteilt nach den vielschichtigen Verbrauchergruppen. Dies spiegelt sich auch in der Kommunikation wider: Zum einen bedeutet es die konsequente Ausrichtung aller PR-Instrumente und -Maßnahmen am sportbegeisterten Athleten in den Kategorien Fußball, Running und Motorsport bis hin zu den Extremsportarten. Zum anderen spielen bei der Kommunikationsarbeit auch die Bereiche Fitness und Wellness eine wichtige Rolle, aber auch der Geschäftsreisende, der unterwegs aktiv ist, und die Ansprache des modebewussten Verbrauchers, der Luxus mit einer sportlichen Variante sucht.

PUMA konzentriert sich darauf, den Markenwert nachhaltig zu steigern, indem die prägnante Markenbotschaft forciert und PUMA damit eine unverwechselbare Stimme im Segment Sportlifestyle gegeben wird.

Sportpromotion

Fußball gehört zu den Kernsegmenten bei PUMA, die Ausrüstung und Vermarktung konzentriert sich auf Nationalmannschaften (z.B. Italien, Tschechien, Schweiz, Paraguay), Clubmannschaften (z.B. Lazio Rom, AS Monaco) und Einzelspieler (z.B. Freddie Ljungberg/Arsenal London, Samuel Eto'o/FC Barcelona). PUMA kann sich dabei auf eine hohe Produktkompetenz und Markenbekanntheit stützen, die sich im Laufe einer über 55-jährigen Firmengeschichte herausgebildet hat. Sport, Lifestyle und modisches Flair werden vor allem durch die italienische Nationalmannschaft verkörpert. Ausdruck dieser Partnerschaft mit dem Fußballverband Italiens ist die Tatsache, dass nicht nur das Trikot, sondern auch eine eigene Modekollektion von dem renommierten Designer Neil Barrett entwickelt wurde. Das Ziel, auch auf dem grünen Rasen eine unverwechselbare Markenbotschaft zu kreieren und damit neue Akzente im Markt zu setzen, wird durch eine entsprechende Markenkommunikation unterstützt. Kamerun ist ein perfektes Beispiel für Kreativität und eine entsprechende Kommunikation: Bei der Fußball-WM 1998 in Frankreich brachte PUMA Farbe ins Spiel und rüstete einige Spieler Kameruns zum ersten Mal mit farbigen Fußballschuhen aus. Nach der spektakulären Präsentation eines ärmellosen Trikots bei den Afrikameisterschaften 2002 haben die „unbezähmbaren Löwen" aus Kamerun beim Afrika-Cup 2004 erneut für Schlagzeilen gesorgt, als sie in einem innovativen Einteiler antraten, dessen Einsatz der internationale Fußballverband FIFA während des laufenden Turniers verhindern wollte. Mit Hilfe einer viel beachteten Kampagne hat PUMA daraufhin Kamerun und den afrikanischen Fußball unterstützt und somit der FIFA auch abseits des Spielfeldes die Krallen gezeigt.

Running gehört neben der Kategorie Fußball zu den Kernkategorien bei PUMA. Im internationalen Bereich wird die erfolgreiche Zusammenarbeit mit der jamaikanischen Leichtathletikmannschaft fortgesetzt. PUMA nutzt mit dieser Kooperation die Möglichkeit, mit einer der führenden Sportnationen der Welt werben zu können. Dadurch werden nicht nur das Image als eine der weltweit führenden Runningmarken gestärkt, sondern auch der Spaß, die Lebensfreude und Begeisterung der Jamaikaner transportiert, die für einen aktiven Lifestyle stehen. Das Unternehmen begleitet außerdem ein Entwicklungsprogramm für den sportlichen Nachwuchs, welches die jamaikanische Vorreiterrolle im Bereich Leichtathletik forcieren soll. Mit Sportartikeln und finanziellen Mitteln werden nicht nur der Sport an den dortigen Hochschulen, sondern auch das Nachwuchstraining sowie das Junioren-Wettkampfprogramm unterstützt.

PUMA baut sein Engagement im Bereich Motorsport weiter aus und hat – vereinigt mit den Rennställen Scuderia Ferrari, BMW Sauber und Mild Seven Renault – drei Topteams in seinem Portfolio. Durch diese Partnerschaften erhält das Unternehmen die einzigartige Möglichkeit, Fahrer und Teams mit Schuhen, Zubehör und Bekleidung auszustatten, welche die typischen Bedürfnisse und Herausforderungen des Motorsports reflektieren.

Corporate Social Responsibility

Als global agierendes Sportartikelunternehmen fühlt sich das Unternehmen dem Schutz der Umwelt und der Einhaltung von Sozialstandards in höchstem Maße verpflichtet. Diese Verantwortung kommt in einem sozialen, ethisch motivierten und umweltorientierten Handeln gegenüber den Partnern zum Ausdruck. Durch die kontinuierliche Optimierung der eigenen Aktivitäten im Bereich Umwelt und Soziales ist ein effizientes Kontrollsystem entwickelt worden, das dem Unternehmen dabei hilft, in der gesamten Wertschöpfungskette hohe Umwelt- und Sozialstandards zu gewährleisten. PUMA hat inzwischen eine führende Rolle bei der Implementierung von Umwelt- und Sozialmanagementsystemen sowie nachhaltigen Verfahren übernommen. Dies spiegelt sich auch in der Kommunikation wider: Die alljährliche Publikation eines Umwelt- und Sozialberichts, die Einrichtung eines einmal im Jahr stattfindenden „Runden Tisches" mit Interessenvertretern von NGOs, Industrieverbänden, Arbeitnehmervertretungen und der Fair Labor Association (FLA) sowie regelmäßige Journalistenreisen in die Produktionsstandorte in Asien stärken das Profil im Bereich Corporate Social Responsibility. 2002 wird PUMA für seine Bemühungen im Bereich Umwelt und Soziales mit dem Preis für Unternehmensethik des Europäischen Netzwerks für Wirtschaftsethik Deutschland ausgezeichnet. PUMA wird auch weiterhin sicherstellen, dass das Ziel, zum begehrtesten Sportlifestyleunternehmen zu werden, nicht ausschließlich an ökonomischen Kriterien ausgerichtet ist.

Unternehmenskommunikation

Neben der Markenkommunikation nimmt die Wirtschafts- und Finanzkommunikation den größten Stellenwert ein. Durch den anhaltenden Erfolg von Marke und Unternehmen, der sich auch in der Aktienperformance widerspiegelt, steigen die Anforderungen an die Unternehmenskommunikation. Die Vermittlung zentraler Botschaften wie der neuen strategischen Ausrichtung des Unternehmens, die Weiterentwicklung von PUMA als eine der führenden „Multicategory"-Sportlifestylemarken und die Forcierung des Konzepts Sportlifestyle, das sich inzwischen als neuer Markt fest etabliert hat, zählen zu den zentralen Eckpfeilern. Die Positionierung des CEOs Jochen Zeitz in den führenden Wirtschaftsmedien einerseits sowie in ausgewählten Lifestyletiteln andererseits strahlt auch positiv auf Marke und Unternehmen ab: Der Erfolg von PUMA wird personalisiert. Entsprechend der gestiegenen Bedeutung des Unternehmens, hat sich der Bereich Public Affairs zu einem weiteren wichtigen Aufgabenfeld entwickelt. Durch den kontinuierlichen Dialog mit den verschiedenen Stakeholdern und Meinungsführern ist PUMA als modernes und wertorientiertes Unternehmen positioniert, das in den letzten Jahren Tausende neuer Arbeitsplätze geschaffen hat. Der Eintritt in die vierte Phase der strategischen Unternehmensentwicklung wird eine nochmalige Erweiterung des Aufgabenspektrums der Unternehmenskommunikation nach sich ziehen. Im Zentrum der Aktivitäten steht die kommunikative Unterstützung der Unternehmensstrategie von PUMA. Diese zielt darauf ab, die Marke für Verbraucher noch relevanter zu machen und zur nachhaltigen

Steigerung des Unternehmenswertes beizutragen.

Phase IV: Expansion (2006–2010)

In der vierten Phase seiner strategischen Unternehmensentwicklung, die als „Unternehmensexpansion" bezeichnet wird, verfolgt PUMA das langfristige Ziel, zum begehrtesten Sportlifestyleunternehmen zu werden. Dabei wird sich das Unternehmen auf drei Kernbereiche konzentrieren: Expansion der Produktkategorien, regionale Expansion sowie Expansion über Nicht-PUMA-Marken.

Durch die Phase IV soll PUMA dauerhaft als eine der drei Topmarken im Sportartikelmarkt etabliert werden und langfristig zum begehrtesten Sportlifestyleunternehmen aufsteigen. Die Marken- und Unternehmenskommunikation unterstützt diese strategische Ausrichtung, indem sie die Positionierung von PUMA als begehrte Sportlifestylemarke weiter stärkt. Kein anderes deutsches Unternehmen, so eine Studie des Marktforschungsinstituts Semion Brand-Broker, baute den Wert seiner Marke in den vergangenen fünf Jahren so stark aus wie PUMA. Die Fußballweltmeisterschaft 2006 in Deutschland ist für PUMA Heimspiel und Steilvorlage zugleich, die zu einer weiteren Steigerung des Marken- und Unternehmenswertes beitragen wird. <

Deutsche Post World

Deutsche Postbank

Der Börsengang der Postbank

Auf Kurs gehalten

Von Manfred Harnischfeger und Joachim Strunk

FINANZKOMMUNIKATION

> Frankfurt, 23. Juni 2004, 9 Uhr 15 – die Erstnotiz der Aktie der Deutsche Postbank AG an der Frankfurter Börse. Der erste Kurs wird mit 29,00 Euro festgestellt. Es ist geschafft! „Deutsche Börse Welcomes Postbank“ – „Ende gut, alles gut“, zieht die deutsche Presse am Tag danach Bilanz. Am ersten Handelstag geht die Postbank-Aktie mit einem Kurs von 28,50 Euro aus dem Handel. Nach der Auswertung des Auftragsbuchs war sie am Tag zuvor den Investoren ebenfalls zu 28,50 Euro pro Aktie zugeteilt worden. Keine Zeichnungsgewinne am ersten Handelstag, aber auch keine Verluste. Unspektakulär, ja fast ein bisschen langweilig endet die Geschichte dieser wohl spannendsten Neuemission der letzten Jahre in Deutschland.

Der Startschuss

Der kommunikative Startschuss Richtung Frankfurter Wertpapierbörse fiel am 29. September 2003. An diesem Tag erklärte die Deutsche Post als Eigentümerin der Postbank, dass sich die Tochter offiziell auf den Gang auf das Börsenparkett vorbereite. Intern standen die Eckdaten des Börsengangs fest. Ein von der Deutschen Post und der Postbank entwickelter Zeitplan sah eine Taktung anhand folgender Meilensteine vor:

- 9. März 2004 / Deutsche Post World Net Jahresabschluss
- 23. März 2004 / Postbank Bilanzpressekonferenz
- 31. März 2004 / Deutsche Post World Net Bilanzpressekonferenz
- 6. Mai 2004 / Deutsche Post World Net Hauptversammlung
- 14. Mai 2004 / Deutsche Post World Net / Postbank Ergebnisse 1. Quartal

Der Zeitplan für den Börsengang sollte sich flexibel an der aktuellen Marktsituation der Kapitalmärkte orientieren. Allerdings war allen Beteiligten im Vorfeld der Transaktion klar, dass die bereits feststehenden Termine aus dem Finanzkalender der Muttergesellschaft Deutsche Post naturgemäß als Rahmen für den Börsengang der Postbank fungieren mussten.

Hauptaufgabe der Kommunikation war die Erstellung eines Gesamtkonzepts für den Börsengang der Postbank, das schrittweise umgesetzt werden musste. Zu diesem Konzept gehörten eine frühzeitige, po-

> „Viele denken, Kommunikation ist ein weicher Wert. Doch gerade in der Situation kurz vor dem Börsengang, als wir es vorübergehend mit heftigem Gegenwind zu tun hatten, hat sie ihre Stärke gezeigt.“
>
> Prof. Dr. Wulf von Schimmelmann
> Vorstand Deutsche Post World Net

sitiv besetzte Positionierung des Unternehmens im Vorfeld des Börsengangs, später die Entwicklung einer spannenden, von unternehmerischen Chancen und Erfolg versprechenden wirtschaftlichen Aspekten getragenen Geschichte (Equity-Story), die Bekanntmachung der Transaktion als solcher, die Aufklärung der Öffentlichkeit über die Stärken des Emittenten sowie die proaktive Berücksichtigung von Kritik und möglichem Störfeuer.

Um die oben genannten Meilensteine herum wurde die Marketingstrategie entwickelt, die über alle Marketingkanäle und -instrumente hinweg das Geschäftsmodell und die Perspektiven der Postbank sowie die Transaktion als solche bekannt machen sollte.

Markenentwicklung und Imageaufbau

Weit vor dem Börsengang hatte sich die Postbank als „einfache und günstige" Privatkundenbank in Deutschland positioniert. Darauf aufbauend, wurde das Markenleitbild in zwei Phasen, Mitte 2002 bis Ende 2003 beziehungsweise Anfang 2004, um zwei Dimensionen erweitert: „Multikanalbank" und „Vollbank". Die Botschaft in der ersten Phase war „Alle Wege – eine Bank", die den Kunden die vielfachen und einzigartigen Zugänge zu den Services der Postbank nahe bringen sollte. Anfang 2004 wurde das Thema Vollbank in den Mittelpunkt gestellt – „Alle Leistungen – eine Bank" lautet nun der Claim. Die Postbank hatte sich von einer reinen Spar- und Girobank zu einer Bank für alle Privatkundenbedürfnisse gewandelt.

Zudem wurde die Postbank Ende 2003 von dem Wirtschaftsmagazin „DMIEuro" nach einer Vergleichsuntersuchung durch ein unabhängiges Institut zur „besten Bank" Deutschlands gekürt. Ein kommunikativer Glücksfall, der sehr gut in die Strategie eingebettet werden konnte.

„Substanz bewegt. Die Postbank geht an die Börse."

Der Startschuss für die eigentliche Börsenkommunikation und die Verbreitung der Equity-Story fiel am 23. März 2004, dem Tag der Bilanzpressekonferenz der Postbank. Intern waren alle integrierten Marketingmaßnahmen auf diesen Tag ausgerichtet. Aus umfangreichen Marktforschungsdaten konnten die Parameter der Zielgruppen, Zielgruppenbedürfnisse, Maßnahmen und Inhalte abgeleitet werden.

Klar war, dass die Medien nach dem aus Sicht des Kapitalmarktes enttäuschenden Jahr 2003, in dem es keine einzige Neuemission am deutschen Aktienmarkt gegeben hatte, den Börsengang der Postbank als größte Neuemission des Jahres 2004 zum „Eisbrecher" für den Gesamtmarkt deklarieren würden. Dieses Wunschdenken stand allerdings im krassen Gegensatz zu den Marktrealitäten, denn der Appetit der Privatanleger nach Aktien hatte seit dem DAX-Verfall Mitte 2000 generell nachgelassen, und Neuemissionen stießen auf große Skepsis. Auch wenn die Postbank mit ihrem soliden, nachvollziehbaren und ertragreichen Geschäftsmodell der Erwartung von Privatanlegern an einen Börsenaspiranten entsprach, konnte man nicht von einer immensen Privatanlegernachfrage ausgehen. Konsequenz für die Kommunikation: Die Postbank-Aktie sollte nicht als „Volksaktie" positioniert werden.

Der Fokus des Marketings lag dann zwar auf den institutionellen Anlegern, aber auch auf den klar definierten Privatanlegersegmenten Postbank-Kunden, Aktionäre der Deutschen Post und semiprofessionelle Privatanleger, die sich auch in der Börsenbaisse nicht aus dem Marktgeschehen verabschiedet hatten. Diese klare Kaskadierung bedeutete im Umkehrschluss eine klar definierte Auswahl der Marketingkanäle und -instrumente:

- Pressearbeit
- Werbung (Print, TV, Radio, online)
- Direktmarketing (Telefon, online, Brief, Postbank-Filialen)
- Public Relations
- Informationsmaterial
- Investor-Relations
- Interne Kommunikation
- Medienkooperationen
- Bankmarketing/Roadshow

Auf der Bilanzpressekonferenz der Postbank am 23. März 2004 wurden die Börsenpläne des Unternehmens erstmals kommunikativ konkretisiert. Inhaltlich rückten die Erklärung und die Promotion der investorenrelevanten Equity-Story in den Mittelpunkt der Kommunikation. Rein imageverstärkende Inhalte und Maßnahmen traten nun in den Hintergrund, wurden aber begleitend weiter genutzt, insbesondere in der Werbung. Daneben wurden in dieser Phase zeitlich abgestimmt und getaktet die Eckdaten zur Emission bekannt gegeben.

Die Umsetzung der Leitidee ging einher mit einer bewussten Loslösung von der Marken- und Produktkommunikation. Alle werblichen Elemente wurden mit der Kernaussage „Substanz bewegt – Die Postbank geht an die Börse" versehen. Fünf Eckpfeiler stützten die Equity-Story: größte Privatkundenbank mit 11,5 Millionen Kunden, Deutschlands beste Bank, führende Onlinebank, führend im Zahlungsverkehr (Transaction-Banking) und kontinuierlicher Gewinnanstieg. Diese Botschaften wurden über alle Medien und Instrumente bis zur Zeichnungsfrist verbreitet.

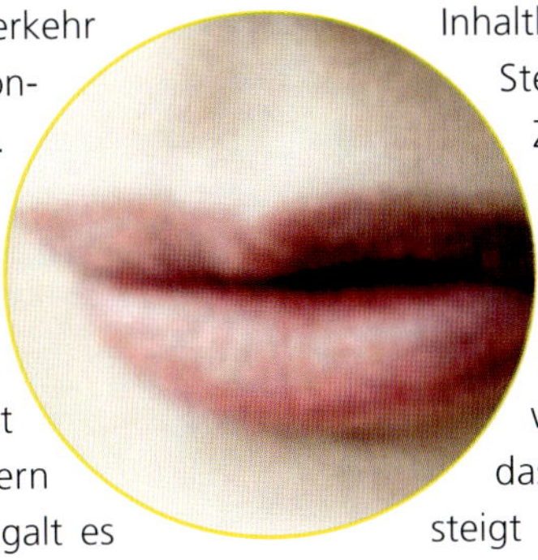

In der Kommunikation mit den professionellen Anlegern und den Medienvertretern galt es die Charakteristika der Postbank transparent zu machen. Die Postbank ist als rein auf Privatkunden spezialisiertes Institut vor allen Dingen vergleichbar mit den börsennotierten europäischen Retail-Banken wie zum Beispiel der Unicredito Italiano oder Allianca&Leicester in Großbritannien und eben nicht mit den vergleichsweise weniger Retail-orientierten börsennotierten deutschen Großbanken.

Zur Steigerung des Drucks wurde ein Eye-Catcher benötigt, der den Gang der Postbank an den Kapitalmarkt öffentlichkeitswirksam symbolisieren sollte. Ebenfalls am 23. März startete deshalb der Postbank-Segler seine Fahrt rheinaufwärts von Bonn nach Frankfurt. Die Segel des Schiffs in den Postbank-typischen Farben blau-gelb wurden mit dem oben genannten Claim versehen. Unterwegs nach Frankfurt fanden auf dem Schiff Informationsveranstaltungen für Postbank-Mitarbeiter, potenzielle Investoren und Medienvertreter statt. Darüber hinaus gab das Schiff dem Börsengang ein Gesicht in den Medien: Noch nie zuvor war ein Segelboot dieses Ausmaßes auf dem Rhein gesehen worden.

Konkretisierung der Eckdaten des Börsengangs

Die Dramaturgie einer erfolgreichen Neuemission beinhaltet eine Steigerung des Marketingdrucks, der seinen Höhepunkt mit dem Beginn der Zeichnungsfrist findet. Inhaltlich geht es um die proaktive Steuerung von Erwartungen. Zum Zeitpunkt des Verkaufs der neuen Aktien (Bookbuilding) muss bei potenziellen Investoren und Meinungsbildnern der Eindruck überwiegen, dass die Nachfrage das Angebot an Aktien übersteigt beziehungsweise das Angebot an neuen Aktien knapp ist. Kurz: Die Investoren müssen davon überzeugt sein, dass sie etwas verpassen, wenn sie jetzt nicht zeichnen.

Auf der Hauptversammlung der Deutschen Post World Net am 6. Mai 2004 wurden die konkreten Eckdaten des Börsengangs kommuniziert. Die Zeichnungsfrist wurde auf den 7. bis 18. Juni datiert. Der erste Handelstag sollte der 21. Juni 2004 werden. Den Postbank-Kunden und den Aktionären der Deutschen Post wurde eine bevorrechtigte Zuteilung eingeräumt. Beide Zielgruppen wurden nochmals gesondert angeschrieben. Die neuen Informationen wurden über die werblichen Kanäle breit gestreut. Medienkooperationen informierten im Rahmen von gesonderten Aktionen detailliert über die Equity-Story und über Chancen und Zeittaktung des Börsengangs. Mit dem Start des Bookbuildings und der Roadshow sollte der Höhepunkt aller Marketingaktivitäten zur Zeichnung der Aktie animieren. Aber: Es kam zu einem medialen Schlagabtausch, der seinesgleichen in der Geschichte der Neuemissionen in Deutschland sucht.

Am 5. Mai 2004 flammten zum ersten Mal Gerüchte auf, dass der Bund an einem Verkauf der Postbank an die Deutsche Bank interessiert sei. Trotz Dementi des Vorstandsvorsitzenden der Deutschen Post World Net, Dr. Klaus Zumwinkel, hielten sich die Gerüchte eine Woche lang. Mit einer klaren Absage an solche Spekulationen machte Zumwinkel den Gerüchten zwar ein vorläufiges Ende, aber die durchweg positive Berichterstattung über den Postbank-Börsengang in der Presse drohte zu kippen.

Und tatsächlich geriet die Neuemission mit der Bekanntgabe der Preisspanne zum Börsengang in unruhige Gewässer. Hintergrund war ein vertrauliches Memo einer Konsortialbank über die Bewertung der Postbank, das den Medien in die Hände fiel und das den Unternehmenswert wesentlich niedriger taxierte als bis zu diesem Zeitpunkt durch die Konsortialanalysten impliziert worden war. Nun meldeten sich die großen deutschen Fonds in der Presse und kritisierten öffentlich die avisierte Preisspanne – Dramaturgie ade.

Kurs nach außen halten – intern nach Alternativen suchen

In der externen Kommunikation wurde weiter Kurs gehalten. Was wäre auch die Alternative gewesen? Letztendlich wurde nicht das Geschäftsmodel der Postbank kritisiert. Alles konzentrierte sich auf den Preis. Ein Umschwenken in der Kommunikation wurde erst möglich, als Deutsche Post, Postbank und die Konsortialführer Morgan Stanley und Deutsche Bank ein Alternativszenario entwickelten, das die Einnahmen aus dem Börsengang für die Aktionäre der Deutschen Post sicherstellte. Die Begebung einer Wandelanleihe wurde mit der Börsenemission verknüpft, und zwar zu einem hochattraktiven Preis. Die Transaktion wurde um zwei weitere Tage verlängert. Am 23. Juni ging die Emission nun wie geplant über die Bühne. Sie war zweieinhalbfach überzeichnet, der Anteil der privaten Investoren inklusive der Mitarbeiter der Postbank und der Filialen der Deutschen Post lag bei 24 Prozent.

Am Jahresende 2004 stand die Postbank-Aktie bei 32,50 Euro – ein Gewinn von satten 4 Euro pro Aktie oder 14 Prozent für die Investoren, die seit der Erstnotiz an die Postbank geglaubt und an der Aktie festgehalten hatten. Gegenüber dem Durchschnittswert der Peergroup schnitt die Postbank-Aktie um 4,4 Prozent besser ab, gegenüber dem DAX um 5,4 Prozent. Damit wurde die Postbank zum Jahresende mit mehr als 5,3 Milliarden Euro bewertet. <

Wir bewegen
11,5 Millionen Kunden.
Und bald auch unsere Aktionäre.

ING-DiBa, Allgemeine Deutsche Direktbank AG

Vernetzte Strategie mischt die Branche auf

„**Immobil** ist das Haus, nicht die Finanzierung“

Von Ulrich Ott

FINANZKOMMUNIKATION

> In den vergangenen Jahren wurde die Direktbank DiBa – heute ING-DiBa – am Markt vor allem als ein führender Anbieter von Tagesgeldkonten wahrgenommen. Seit einiger Zeit verzeichnet das Geldinstitut jedoch starke Zuwachsraten im Baufinanzierungsgeschäft. Am Anfang stand eine vernetzte Kommunikationsstrategie, die in diesem Jahr mit dem Deutschen PR-Preis in der Kategorie „Vertriebsunterstützende PR" ausgezeichnet wurde.

Das Girokonto online führen, per Knopfdruck Wertpapiere kaufen oder verkaufen, Sparpläne via Internet einrichten – das sind für viele Bankkunden längst Selbstverständlichkeiten. Onlinebanking gehört heute zum Standardrepertoire jedes Kreditinstituts. Und über 30 Millionen Kunden nehmen dieses Angebot gern an. Die Möglichkeiten der virtuellen Geldgeschäfte stoßen bislang indessen meist dann an Grenzen, wenn es um ein Thema geht, das den meisten Bundesbürgern besonders am Herzen liegt: die eigenen vier Wände und deren Finanzierung.

„Mit der Maus zum Haus" mag ein eingängiger Slogan sein, die Zielgruppe freilich beeindruckt er nur mäßig. Die Baufinanzierung gilt bis heute als geradezu klassische Domäne der Banken und Sparkassen vor Ort sowie der in Deutschland traditionell starken Bausparkassen. Wenn es um die in der Regel größte Investition im Leben eines Privatkunden geht, sucht er nicht nur günstige Konditionen, sondern ebenso Kompetenz und Erfahrung. Von Direktbanken und Direktbrokern erwarten die Verbraucher vorteilhafte Sparangebote beziehungsweise die preiswerte Abwicklung von Wertpapiergeschäften. Die Immobilienfinanzierung gehört im Verständnis der meisten Bauherren oder Käufer nicht zu den Kernkompetenzen dieser Geldinstitute. Da überzeugte auch der Hinweis nur bedingt, dass zum Beispiel die Bank für Spareinlagen und Vermögensbildung (BSV), die Vorgängerin der heutigen ING-DiBa, seit 1969 im Baufinanzierungsgeschäft tätig ist. Baugeld von einer Direktbank – das können sich noch immer viele nicht so recht vorstellen. Doch die Zahl der Skeptiker wird kleiner.

Es war ein durchaus ehrgeiziger Plan, als die DiBa im Jahr 2002 beschloss, die Baufinanzierung zu einem ihrer strategischen Kernprodukte auszubauen und schnell nennenswerte Marktanteile zu erobern. Bis zu diesem Zeitpunkt war Deutschlands größte Direktbank in erster Linie als führender Anbieter von täglich verfügbaren Tagesgeldkonten bekannt. Vor allem dank dieses Produkts stieg die Zahl der Konten von 619.000 im Jahr 2000 auf derzeit über 4,1 Millionen. Erklärtes Ziel der DiBa war und ist es aber, den auf diese Weise gewonnenen Neukunden auch andere Produkte der Bank anzubieten und das Cross-Selling-Potenzial optimal auszuschöpfen. Dazu gehört – entsprechend dem Hausbankenprinzip des Geldinstituts – natürlich die private Baufinanzierung.

DIE ERFOLGSBAUSTEINE AUF EINEN BLICK:

- **Schwächen bestehender Angebote aufspüren und Medien sensibilisieren**
- **Verbraucherfreundliches Produkt auf den Markt bringen und bewerben**
- **Systematisch Kompetenz durch praktischen Nutzwert aufbauen**

Auf „Achillesfersen" zielen

Doch wie überzeugt man mehrheitlich eher skeptische Kunden von der Leistungsfähigkeit einer Direktbank als Baufinanzierer? Diese Frage stellte sich, als die DiBa Ende 2002 die Kampagne „Immobil ist das Haus, nicht das Darlehen" startete. Und die Bank beantwortete sie auf dreifache Weise: Erstens galt es, möglichst genau an jenen Punkten anzusetzen, an denen die klassischen Baufinanzierer eine offene Flanke boten. Zweitens brauchte die Direktbank ein überzeugendes Produkt, um von den Schwächen der Mitbewerber profitieren zu können. Und drittens musste Kompetenz aufgebaut und kommuniziert werden, damit bei den potenziellen Kunden das Bild eines erfahrenen und gefragten Baufinanzierers entstand. Um diese drei Ziele zu erreichen, erarbeitete die Abteilung Unternehmenskommunikation gemeinsam mit dem Marketing eine vernetzte Kommunikationsstrategie, die in kurzer Zeit zu viel beachteten Erfolgen führte. In konkreten Zahlen liest sich das so: Dank eines um 347 Prozent gestiegenen Neugeschäfts baute die DiBa 2003 ihren Bestand an ausgegebenen Baudarlehen im Vergleich zu 2002 um 59 Prozent auf über 4,1 Milliarden Euro aus. Im laufenden Jahr legt die Bank in diesem Bereich erneut deutlich zu.

Welche Faktoren und Strategien haben diesen Erfolg letztlich möglich gemacht? Bei der Suche nach den „Achillesfersen" der Mitbewerber erwies sich der ständige Dialog der Direktbank mit Verbraucherschützern und Finanzjournalisten als ausgesprochen hilfreich. Von dieser Seite war immer wieder Kritik an der Vorgehensweise vieler Kreditinstitute am Ende der Zinsbindungsperioden zu hören. Die Banken informierten ihre Kunden meist erst sehr kurzfristig über die notwendige Anschlussfinanzierung, bemängelten Verbraucherschützer. Dem Immobilieneigentümer bleibe dadurch kaum Zeit, die Konditionen der Banken zu vergleichen. Darüber hinaus, so die Kritik, würden Bestandskunden durch eine wenig transparente Kostengestaltung häufig schlechter gestellt als Neukunden.

Damit war klar: Die DiBa würde mit einem verbraucherfreundlichen und auf die Anschlussfinanzierung zugeschnittenen Produkt eine gute Chance haben, sich in diesem Marktsegment schnell und markant zu profilieren. Das Potenzial jedenfalls nahm sich beeindruckend aus: Eine von der Direktbank in Auftrag gegebene Marktanalyse kam zu dem Ergebnis, dass in Deutschland monatlich im Schnitt rund 55.000 Baudarlehen zur Anschlussfinanzierung anstehen. Das durchschnittliche Kreditvolumen liegt bei etwa 110.000 Euro. Ferner stellte sich heraus, dass vielen privaten Bauherren die Möglichkeiten von Forward- und Paralleldarlehen nicht bekannt waren. Damit lässt sich eine günstige Anschlussfinanzierung noch während der aktuellen Zinsbindungsperiode unter Dach und Fach bringen.

Sensibilisierung von Medien und Bauherren

Eine weitere Erkenntnis der Marktanalyse: Bei einer anstehenden Anschlussfinanzierung halten rund 64 Prozent der Kunden ihrer bisherigen Bank die Treue, obwohl sie bei einem Wechsel zu einem günstigeren Anbieter während der gesamten Laufzeit des Darlehens durchaus mehrere Tausend Euro sparen könnten. Die Ergebnisse dieser Analyse verhießen nicht nur erhebliches Potenzial für die Bank, sie bargen überdies viel Nutzwert für die Wirtschafts- und Verbrauchermedien. Kurz vor Weihnachten 2002 lud die DiBa daher Journalisten zu einer Pressekonferenz ein und in-

formierte die Medienvertreter ausführlich über die von vielen Bauherren nicht genutzte Chance, bei der Anschlussfinanzierung bares Geld zu sparen und günstigere Rahmenbedingungen zu vereinbaren. Das Thema fiel bei den Journalisten auf fruchtbaren Boden. Eine Medienresonanzanalyse bescheinigte der Bank allein im Zusammenhang mit dieser Pressekonferenz knapp 50 Millionen Pressekontakte. Damit wurden 75 Prozent der Besserverdienenden mit einem Nettoeinkommen von über 3.000 Euro erreicht. Der ermittelte PR-AdValue, der ausschließlich die Kommunikationseffekte der positiven redaktionellen Beiträge misst, lag bei knapp 1,12 Millionen Euro.

Zur gleichen Zeit präsentierte die Abteilung Marketing ein Produkt zur Baufinanzierung, dessen Stärken in erster Linie darin bestanden, dass es die Schwächen der Konkurrenzangebote vermied. Neben den im Vergleich mit Filialbanken und Sparkassen günstigeren Zinskonditionen und dem Verzicht auf Nebenkosten (wie etwa Wertermittlungs- oder Bearbeitungsgebühren) zeichnete sich das DiBa-Angebot durch den sechsmonatigen Verzicht auf Bereitstellungszinsen aus. Das heißt, der Immobilieneigentümer kann schon ein halbes Jahr vor Fälligkeit seine Anschlussfinanzierung zu den aktuellen Konditionen abschließen, ohne in der Übergangszeit einer doppelten Zinsbelastung zu unterliegen. Daneben hat der Kunde das Recht, jährliche Sondertilgungen von bis zu 5 Prozent der Darlehenssumme vorzunehmen und flexible Rückzahlungsmodalitäten zu vereinbaren. Die Konsequenz: Die bis dahin auch im internationalen Vergleich als recht starr geltenden Usancen der deutschen Baufinanzierung lockerten sich. Die DiBa als Impulsgeber profilierte sich damit als verbraucherfreundliche Bank, die sich nicht scheut, in der Branche gegen den Strom zu schwimmen. „DiBa mischt die Bankenszene auf", titelte die Frankfurter Rundschau nicht von ungefähr.

Produkt und Schlagzeilen liefern

Durch die enge Zusammenarbeit von Unternehmenskommunikation und Marketing ist es der DiBa nicht nur gelungen, ein neues Produkt zu platzieren, sondern gleichzeitig die dazu passenden Schlagzeilen zu liefern. Nach diesem beachtlichen Anfangserfolg durfte die bereits erzielte Wirkung nicht verpuffen. Es ging in den nächsten Monaten vorrangig darum, sowohl das Thema Anschlussfinanzierung als auch die passende Produktlösung der DiBa nachhaltig zu kommunizieren. Auf der werblichen Seite setzte das Marketing bewährte Instrumente wie Anzeigen, TV- und Radiospots, Mailings, Zeitungsbeilagen und das Internet ein. Die Kampagne richtete sich gezielt an private Bauherren und stellte die günstige Anschluss- und Umfinanzierung in den Vordergrund der Botschaft.

Die Unternehmenskommunikation sorgte gleichzeitig dafür, dass die Medien weiterhin über die Chancen der Anschlussfinanzierung berichteten. So erschien etwa im „Pressedienst für kritische Bankkunden", den die DiBa monatlich herausgibt und an über 800 Journalisten verschickt, die Meldung „Häuslebauer verschenken Geld bei der Anschlussfinanzierung". Die Resonanz war beachtlich. Zahlreiche renommierte regionale und überregionale Zeitungen veröffentlichten diese nutzwertorientierte Meldung, in der die Leser konkret erfuhren, wie sie bei der Um- oder Anschlussfinanzierung sparen und sich das aktuell niedrige Zinsniveau für später sichern können.

Darüber hinaus wurden im Rahmen von Medienkooperationen Info-Booklets auf den Titelseiten der Anlegermagazine „Ca-

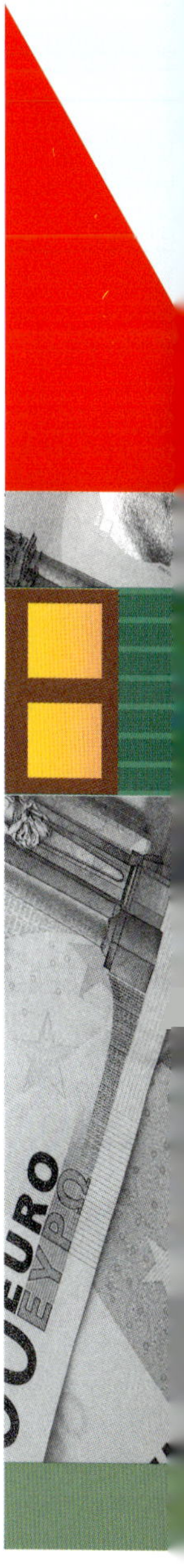

pital" und „Focus Money" montiert. Eine Leseraktion mit der Zeitschrift „Geldidee" unterstrich die Kompetenz der DiBa bei der Baufinanzierung. Gleichzeitig erweiterte die Bank ihre entsprechenden Serviceangebote im Internet. Der Erfolg übertraf die ohnehin schon hoch gesteckten Ziele der Direktbank. So musste zum Beispiel die geplante Ausstrahlung von Fernsehspots auf den Herbst 2003 verschoben werden, weil schon in den Wochen nach dem Start der Kampagne die Resonanz der Kunden so groß war, dass die personellen Kapazitäten in der Abteilung Baufinanzierung an ihre Grenzen stießen. Erst nach einer deutlichen Aufstockung der Ressourcen warb die Bank im Fernsehen für ihr günstiges Baugeld.

Buch als Kompetenzbaustein

Parallel dazu arbeitete die Direktbank am weiteren Aufbau von Reputation und Kompetenz im Bereich der Baufinanzierung. Es galt, Interessenten vom Know-how der Bank auch im Immobiliensektor zu überzeugen. Wie aber lässt sich die in einem Unternehmen vorhandene Expertise erfolgreich nach außen kommunizieren? Die DiBa entschied sich für ein vielfach unterschätztes Instrument – sie unterstützte eine Buchveröffentlichung. Der DiBa-Baufinanzierungsexperte Franz Lücke und der unabhängige Fachjournalist Michael Brückner veröffentlichten den Ratgebertitel „Immobilienkauf – So umgehen Sie die teuersten Fallen". Darin plaudern die beiden Autoren gleichsam aus dem „Nähkästchen" und zeigen dem Leser ganz konkret auf, worauf er achten sollte – von der Auswahl der Immobilie über deren Finanzierung bis hin zur Modernisierung und zum Verkauf.

Das Buch wurde von wichtigen Medien (Stern, Finanzen, Frankfurter Allgemeine Sonntagszeitung, Hessischer Rundfunk u. a.) empfohlen und bis Sommer 2004 etwa 10.000-mal verkauft. Innerhalb der populären „Erste Hilfe"-Ratgeberreihe stieg der Titel für einige Monate sogar zum Topseller auf. Wichtig war dabei, dass sich das Buch zum Verkauf im Handel eignen musste. Auf werbliche Elemente, wie etwa das DiBa-Logo auf dem Titel, wurde konsequent verzichtet. Der Name der Bank tauchte nur in der Autorenbiographie von Franz Lücke auf. Der Effekt: Der Baufinanzierungsexperte ist seither ein gefragter Gesprächspartner bei den Journalisten. Die Erfahrungen mit dem „Kompetenzbaustein Buch" waren so positiv, dass die DiBa im Herbst 2004 in Zusammenarbeit mit dem Campus-Verlag ein

neues Buch lancierte („Immobilienfinanzierung ohne Fallen"). Darin erfährt der Leser, wie er selbst nach einer Kürzung oder Streichung der Eigenheimzulage günstig zu den eigenen vier Wänden kommt. Zu dem Autorenteam gehören wiederum zwei Baufinanzierungsexperten der Direktbank.

Bedarf geweckt – und befriedigt

Zum nachhaltigen Erfolg der Baufinanzierungskampagne trugen somit mehrere Faktoren bei. An erster Stelle stand die Sensibilisierung von Medien und Bauherren für ein Thema, das bis dahin allenfalls am Rande behandelt worden war – die Anschlussfinanzierung für das Haus oder die Wohnung. Gleichzeitig bot die DiBa ein verbraucherfreundliches Produkt an, das sich vom Wettbewerb erkennbar differenzierte. Durch eine präzise Verzahnung der Aktivitäten von Medienarbeit und Marketing wurde bei der Zielgruppe Bedarf geweckt und gleichzeitig mit einem passgenauen Produkt befriedigt. Durch eine kontinuierliche und serviceorientierte Pressearbeit sorgte die Bank dafür, dass die Anschlussfinanzierung dauerhaft ein Thema blieb und sich mittlerweile zum Selbstläufer entwickelt hat. Und schließlich gelang es, durch die Vermittlung von konkretem Nutzwert in Buchform Vertrauen in die Kompetenz der Bank im Bereich Baufinanzierung aufzubauen.

Heute ist die Finanzierung der selbst genutzten Immobilie einer der wachstumsstärksten Bereiche der ING-DiBa. Seit es gelungen ist, die Direktbank als erfahrenen Partner bei der Anschlussfinanzierung am Markt zu positionieren, steigt auch die Nachfrage nach Erstfinanzierungen deutlich an – und dies in einem für die Immobilienwirtschaft insgesamt nach wie vor eher schwierigen Umfeld. <

UBS AG

Der UBS-Ansatz in der Finanzkommunikation

Kultur der Transparenz nach innen und außen

Von Michael Willi und Larissa Alghisi-Rubner

FINANZKOMMUNIKATION

> Moderne Finanzkommunikation eines globalen Konzerns wie UBS richtet sich an ein vielfältiges Publikum. Nicht nur professionelle Investoren, Finanzanalysten und -journalisten interessieren sich für Quartals- und Jahresabschlüsse, strategische Unternehmensinitiativen oder Marktveränderungen. Auch Kleinanleger, Kunden und Mitarbeiter fordern Informationen. Daraus ergibt sich ein Bedarf an einer facettenreichen Finanzkommunikation, die über das Erstellen der Finanzberichterstattungen und eine einseitig auf Analysten und Investoren zugeschnittene Kommunikation hinausgeht.

Neben einer zielgruppengerechten Information gilt es in der Finanzkommunikation auch äußerst umfangreiche und strenge regulatorische Anforderungen zu erfüllen. Angesichts der Stellung einer Bank gegenüber ihren Gläubigern und der herausragenden volkswirtschaftlichen Bedeutung der Finanzindustrie besteht gegenüber Banken ein erhöhtes Informationsbedürfnis.

Mehr als Global Reporting

UBS hat den Weg eines „globalen Reportings" gewählt, in dem die wichtigsten internationalen Standards und Vorschriften in einer integrierten Berichterstattung abgedeckt werden – die gleiche Information soll sämtlichen Anspruchsgruppen weltweit in gleicher Weise zugänglich sein mit dem Ziel, zu einer zuverlässigen, vollständigen und transparenten Finanzberichterstattung zur Erhaltung der Vertrauenswürdigkeit von UBS beizutragen.

Extern vorgegebene Standards und rechtliche Vorschriften können spezifische Gegebenheiten eines Unternehmens nur bedingt abbilden und halten mit der Dynamik der wirtschaftlichen Realität nicht immer Schritt. In unserer Berichterstattung gehen wir deshalb einen Schritt weiter und geben dem Leser zusätzliche Informationen, von denen wir glauben, dass sie die Realität unseres Geschäftes besser abbilden. Die freiwillige Offenlegung umfasst fast drei Viertel der Finanzberichterstattung und damit praktisch die gesamte Analyse der Ergebnisse der Unternehmensgruppen. Wir sind davon überzeugt, dass dies allen Anspruchsgruppen eine bessere Beurteilung unserer Geschäftstätigkeit ermöglicht. Die Finanzberichterstattung erhält dadurch eine große Fülle an Informationen, die sich inhaltlich, aber auch durch ihren „News-Wert" und ihren Aktualitätsgehalt stark unterscheiden.

> „DIE FINANZKOMMUNIKATION SOLLTE FÜR EIN UNTERNEHMEN WIE EIN BLICK IN DEN SPIEGEL SEIN."

Jedes Quartal veröffentlichen wir einen detaillierten Finanzbericht, vor allem für professionelle Investoren und Finanzanalysten, ergänzt durch eine interaktive Version des Reports, die im Internet verfügbar ist und den Download von Tabellen und Daten ermöglicht. Jeder einzelne Anleger erhält einen Aktionärsbrief – unterzeichnet von den Präsidenten des Verwaltungsrates und der Konzernleitung. Der Brief analysiert und bewertet Performance und strategische Fortschritte in kurzer Form. Journalisten erhalten eine Medienmitteilung, welche einen Überblick über das Berichtsquartal gibt, die Fakten darstellt und die Wertung des Ergebnisses durch die Unternehmensführung wiedergibt. Analysten- und Medienkonferenzen werden im Internet übertragen, und für Mitarbeiter gibt es neben den erwähnten Produkten separate interne Informationsveranstaltungen. Die einzelnen Produk-

te sind zwar für bestimmte Zielgruppen konzipiert, stehen aber natürlich dem gesamten Publikum zur Verfügung – im Internet oder auf Anfrage.

Die Jahresberichterstattung

Die Jahresberichterstattung wird genutzt, um der Öffentlichkeit einen tieferen Einblick in unser Unternehmen zu ermöglichen. Sie besteht aus drei modularen Publikationen, die gleichzeitig veröffentlicht werden – dem Finanzbericht, dem Handbuch und dem Geschäftsbericht. Der Finanzbericht enthält die von der Revisionsgesellschaft geprüften Jahresergebnisse des Konzerns und der Unternehmensgruppen, sämtliche Anmerkungen zur Konzernerfolgsrechnung und zur Konzernbilanz. Ziel ist eine detaillierte Analyse und Bewertung der erzielten finanziellen Performance, einschließlich der Beschreibung der angewendeten Rechnungslegungsstandards. Der Finanzbericht richtet sich auf Grund seines starken Detaillierungsgrades primär an ein Fachpublikum. Das Handbuch enthält alle nichtfinanziellen, grundlegenden Informationen zu unserem Konzern: eine Beschreibung unserer Strategie, unseres Geschäftsmodells, der Organisationsstruktur, der Unternehmensgruppen und ihrer Geschäftsfelder. Weiter finden sich im Handbuch umfassende Kapitel über das Risikomanagement der UBS, die Corporate Governance, das Treasury und das Kapitalmanagement. Mit anderen Worten handelt es sich dabei um eine Publikation, die über eine längere Zeit – mindestens ein Geschäftsjahr lang – allen Interessierten ein besseres Verständnis unseres Konzerns ermöglicht. Auch von UBS-Mitarbeitern wird das Handbuch als Referenzprodukt verwendet und geschätzt, insbesondere wenn es um die externe Kommunikation mit Kunden, potenziellen Mitarbeitern, Investoren, Analysten oder Journalisten geht.

> „Reporting wird zum wirkungsvollen Instrument zur Steuerung der Unternehmensreputation."

Das dritte Produkt der Jahresberichterstattung, der Jahresbericht, wird an alle Aktionäre versandt und richtet sich an die breite Öffentlichkeit – Anspruchsgruppen

Im Jahresbericht transportieren Bildwelt und Layout die Werte und die Vision von UBS nach außen. Das Zuhören und das Verstehen der Kunden, ein Element der Markenidentität von UBS, wird mit Bildern von Menschen visualisiert, die zusammenarbeiten, um in gegenseitigem Vertrauen ein Ziel zu erreichen.

im klassischen Sinne, aber auch andere interessierte Leser wie potenzielle Kunden und Mitarbeiter.

Die visuelle Gestaltung nimmt beim Jahresbericht einen wesentlich größeren Stellenwert ein als bei den beiden anderen Publikationen. Bildwelt und Layout sollen die Werte und die Vision von UBS nach außen transportieren. Im Bericht 2003 beispielsweise dreht sich alles um das Zuhören und das Verstehen unserer Kunden – was UBS-Mitarbeiterinnen und Mitarbeiter täglich tun, um ihren Kunden die Gewissheit zu geben, in finanziellen Fragen richtig zu entscheiden. Es handelt sich dabei um ein Element unserer Markenidentität, das wir im Bericht mit Bildern von Menschen visualisiert haben, die zusammenarbeiten, um in gegenseitigem Vertrauen ein Ziel zu erreichen. Die Texte stammten alle aus dem UBS-Alltag – echte Geschichten über Kundinnen und Kunden weltweit.

Kultur der Transparenz

Das öffentliche Interesse und die Sensibilisierung in Bezug auf die Finanzberichterstattung fordern von Unternehmen große kommunikative Leistungen. Finanzergebnisse müssen zugänglich gemacht werden, indem sie die Unternehmensrealität reflektieren und die Informationsansprüche diverser Ansprechgruppen erfüllen. Interne Mechanismen und Bewertungsgrundlagen müssen offen gelegt werden, ebenso wie potenzielle Risikofaktoren. Die richtigen Voraussetzungen für das Reporting, nämlich eine Kultur der Transparenz nach innen und außen sowie Strukturen, welche die unternehmerische Realität widerspiegeln, kann nur das Management schaffen. Ehrlichkeit ist hier ein entscheidendes Stichwort: Die Finanzkommunikation sollte für ein Unternehmen wie ein Blick in den Spiegel sein.

Der Leser, auf der anderen Seite, muss nachvollziehen können, wie sich das Unternehmen selbst sieht. Er sollte eine faire Chance haben, sich ein eigenes Bild machen zu können. Unternehmen müssen sich bewusst sein, dass sie es in allen Zielgruppen mit kritischen Lesern zu tun haben. Die Dynamik, mit der sich Unternehmen und Märkte heute verändern und weiterentwickeln, erfordert deswegen ein ständiges Hinterfragen der eigenen Offenlegungspraxis. Funktionsübergreifende Teams aus

Finanz- und Rechnungswesen, Rechtsdienst, Kommunikation sowie Corporate Design gewährleisten dabei die Berücksichtigung der immer komplexeren und vielschichtigeren Anforderungen. Das Management, das letztlich die Verantwortung für die Finanzberichterstattung zu tragen hat, kann sich so auf eine breit abgestützte Entscheidungsvorbereitung und eine professionelle Umsetzung verlassen.

Der Aufwand lohnt sich doppelt. Zum einen bewährt sich ein Unternehmen durch qualitativ hoch stehendes Reporting als zuverlässiger, kompetenter und glaubwürdiger Partner in der Kommunikation mit der Außenwelt. Zum anderen werden so Finanz- und Geschäftsberichte publiziert, die mit ihrer Aussagekraft und inhaltlichen Reichweite zu echten Referenzdokumenten werden. Nach außen Visitenkarte, nach innen Nachschlagewerk, garantiert eine gute Finanzberichterstattung das Vermitteln konsistenter Botschaften. Reporting muss dadurch nicht länger als reine Pflichtübung betrachtet werden, sondern wird zum wirkungsvollen Instrument zur Steuerung der Unternehmensreputation. <

Wo bleibt eigentlich der Kunde?

Auf dem Höhepunkt der New-Economy-Blase verschwand der Kunde teilweise vom Radar der Unternehmensspitzen und der Unternehmenskommunikation. Es gab sogar Unternehmen, die nie ernsthaft über einen Kundenstamm verfügten und es auf der Basis spekulativer Erwartungen dennoch geschafft haben, an die Börse zu gehen. Euphorisierte Analysten wollten nur noch das vermeintliche Potenzial dieser Firmen und ihrer Produkte sehen. Kritische Fragen nach Nachhaltigkeit der vorausgesagten Entwicklungen oder dem Nutzen für Kunden hatten Seltenheitswert. Zweifel behielt man sogar für sich. Die Medien haben ebenfalls viel dazu beigetragen, einen kollektiven Rauschzustand zu schaffen, in dem auch vernünftige und risikoscheue Kleinanleger alle Hemmungen fallen ließen.
Vor diesem Hintergrund gab es Marktbeobachter, die das Zeitalter einer Dominanz der Investor-Relations in der Unternehmenskommunikation anbrechen sahen. Hauptzielgruppen waren Analysten und Investoren. Andere Gruppen wie Kundinnen und Kunden wurden am Rande mit den gleichen, auf den Finanzmarkt zielenden Informationen bedient. Auch UBS konnte sich diesem Trend nicht entziehen. Die 1998 rechtlich vollzogene Fusion der beiden Großbanken Schweizerischer Bankverein und Schweizerische Bankgesellschaft zur UBS wurde mit aggressivem Ausblick auf die Entwicklung von Gewinnen und Unternehmenswert lanciert. Daraus resultierende Erwartungen konnten nicht schnell genug erfüllt werden. UBS verlor in der Folge bei Investoren so viel Vertrauen, dass ihre Bewertung am Finanzmarkt ernsthaft litt. Konsequenterweise musste UBS viel in die Kommunikation mit den Finanzmarktteilnehmern investieren.
UBS hat sich neue Finanzzielsetzungen gegeben sowie Transparenz, Konsistenz und Verständlichkeit der Finanzabschlüsse massiv erhöht. Aber auch bei strategischen Initiativen und Produktneuheiten ging es darum, diese beinahe ausschließlich den Investoren zu „verkaufen". Aus diesen Anstrengungen ging eine UBS mit einer starken, glaubwürdigen Investmentstory hervor. Allerdings hat sich auch gezeigt, dass gleichzeitig unser Image bei Kunden gelitten hatte. Immer weniger Kunden konnten sich in den einseitig auf Investoren ausgerichteten Botschaften wiederfinden.
Heute steht der Kunde wieder im Zentrum. Auch kommunikativ wenden wir uns wieder unseren Kunden, Mitarbeitern und einer breiteren Öffentlichkeit zu, ohne dabei Investoren und Finanzanalysten zu vergessen. Nichts kann dies besser dokumentieren als die im Jahr 2003 erfolgte Einführung der weltweiten Konzernmarke UBS, die allen Kunden signalisiert, dass sich ihre Bank kompromisslos für die Erreichung ihrer finanziellen Ziele einsetzt. Natürlich bleiben in der Finanzkommunikation Spannungsfelder bestehen. So sind Themen wie striktes Kostenmanagement, Einführung standardisierter Prozesse in der Marktbearbeitung oder Erzielung höherer Margen keine Botschaften, die unsere Kunden gerne hören. Auch der Rhythmus vierteljährlicher Finanzberichterstattung ist gegeben.
Wir haben aber dafür gesorgt, dass Finanzkommunikation nicht nur auf eine Anspruchsgruppe zugeschnitten bleibt. Sie wird heute von einem Team aus Kommunikationsmanagern strategisch erarbeitet und umgesetzt, welches Erfahrungen in der Medienarbeit, Investor-Relations, Brandmanagement und Mitarbeiterkommunikation in sich vereint. Thema ist alles, was den Wert des Unternehmens und das Vertrauen in das Unternehmen bestimmt. Neben Finanzergebnissen und Strategie gehören dazu Corporate Governance, Qualität der Unternehmensführung, Sicherheit und Stabilität sowie die Identität, also das, wofür das Unternehmen im Markt und bei unseren Kunden steht. Auch Kundinnen und Kunden sind wieder auf dem Radar.

Michael Willi

DZ BANK AG

Der Investment-Dialog der DZ BANK

Erlebnisorientierte Markenprofilierung

Von Reinhard Fröhlich

FINANZKOMMUNIKATION

> Die Pflege der Beziehungen zu Gesellschaftern und Investoren ist eine bedeutende Aufgabe börsennotierter Unternehmen. Als einen Meilenstein der Finanzkommunikation hat die DZ Bank, die Zentralbank von mehr als 1.100 Genossenschaftsbanken, deshalb 1997 den Investmentdialog als markantes Beispiel für die Ansprache der Kunden der Volksbanken Raiffeisenbanken installiert. Seitdem organisiert das Unternehmen gemeinsam mit den Volks- und Raiffeisenbanken im jährlichen Rhythmus diese Finanz- und Finanzkommunikationsveranstaltung mit den Premiumkunden der Primärbanken.

Zielgruppe sind die Vorstände der Banken und deren handverlesene vermögende Privatkunden, die von ihrem Institut vor Ort eingeladen werden. Die 1.700 Plätze für die Veranstaltung in der Alten Oper Frankfurt waren in diesem Jahr in kürzester Zeit ausverkauft.

Zunächst klassisch rein serviceorientiert, entwickelte sich der Investmentdialog im Laufe der Jahre von einer Veranstaltung zur Aktienpräsentation zu einem Gesellschaftsdialog mit tragendem Dachthema. Als wichtiger Player am Finanzmarkt Deutschland leistet der Gastgeber einen aktiven Beitrag zum Dialog zwischen Wirtschaft, Politik und Gesellschaft sowie Unternehmen und Investoren.

Vom Dachthema zur Strategie

Der Investmentdialog steht alljährlich unter einem bestimmten Motto. 2005 ging es um das Thema „Die Welt in Bewegung – vorausdenkende Verantwortung". Um die komplexe Thematik aufzufangen, bekam das Forum über die Jahre eine feststehende Struktur, die das Thema gliedert: Auf die Eröffnung durch den Vorstandsvorsitzenden Dr. Ulrich Brixner folgt ein prominenter Topredner. In diesem Jahr referierte EU-Kommissar Günter Verheugen über die Globalisierung, in der Vergangenheit waren unter anderem der ehemalige Bundesaußenminister Hans-Dietrich Genscher, Boxweltmeister Henry Maske oder Regisseur Wim Wenders „Key-Speaker" der Veranstaltung. Im Anschluss daran gewährt Vorstand Heinz Hilgert einen Blick hinter die Kulissen, bevor im folgenden Dialog mehrere Referenten nach Kurzvorträgen über verschiedene Aspekte des Themas ins Gespräch kommen. In diesem Jahr diskutierten Dr. Wilhelm Bender, Vorstandsvorsitzender der Fraport AG, Dr. Edgar Ernst, Finanzvorstand der Deutsche Post AG, und Wolfgang Tiefensee, ehemals Oberbürgermeister der Stadt Leipzig und heute Bundesverkehrsminister, in einer von Clarissa Ahlers (NDR) und Steffen Seibert (ZDF) moderierten Gesprächsrunde über die Praxiserfahrungen weltweit operierender Unternehmen.

Abschließend fasst das Research der DZ Bank die Erkenntnisse der vorausgegangenen Beiträge zusammen, steuert eigene Empfehlungen bei und zeigt konkrete Anlagestrategien. Als Quintessenz der Veranstaltung dient das Hand-out, die tagesaktuell ausgearbeitete Anlagebroschüre zum aktuellen Thema mit Investmentempfehlungen zu Märkten und Aktienwerten. Zudem werden speziell für diesen Anlass aufgelegte themenorientierte Anlageprodukte präsentiert.

Von der Eingangsrede über informelle Einspielfilme bis zur Handlungsempfehlung wird das Thema in allen seinen Facetten vorgestellt und aus verschiedenen Blickwinkeln beleuchtet. Die Verbindungsfäden sind vielseitig verknüpft und verwoben. Der Investmentdialog eröffnet intensive Einblicke auf höchstem Niveau und ungeahnte Perspektiven in offener Atmosphäre.

Das liegt auch an namhaften Persönlichkeiten, deren Prominenz und Kompetenz. Auf dem für diese Veranstaltung entworfenen, in der Unternehmensfarbe Orange gehaltenen Sofa nahmen in der Vergangenheit Vorstände großer DAX-Unternehmen Platz, zum Beispiel von VW, RWE, Linde, DaimlerChrysler, der Allianz, der Deutschen Telekom oder der Münchener Rück.

Auch die Besucher im Saal werden in den Dialog eingebunden. Durch ein elektronisches Abstimmungssystem greifen die Zuhörer in das Diskussionsgeschehen ein, so dass sich Trends und Veränderungen im Verlauf der Veranstaltung ermitteln lassen. Im Jahr 2003 beispielsweise wollten zu Beginn der Veranstaltung nur 4 Prozent der Zuhörer in osteuropäische oder asiatische Papiere investieren, am Ende waren es mehr als 70 Prozent. Dieser Meinungsumschwung belegt die hohe Überzeugungskraft eines wohldosierten Informations- und Interaktionsmanagements.

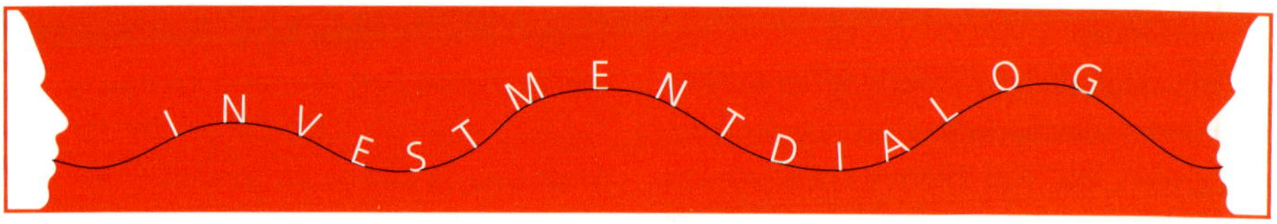

Ungeahnte Perspektiven in offener Atmosphäre

Der Investmentdialog wirkt durch seine Komposition sowohl nach innen, in den genossenschaftlichen Verbund, als auch nach außen. Die Vorstände der Primärbanken bekommen eine Bühne für die Beziehung zu ihren Kunden. Und die umfangreiche mediale Beachtung sorgt für ein erfreuliches Presseecho. Dabei resultiert der erlebnisorientierte Markencharakter des Events aus der Aktualität des Themas und der speziellen Mischung der Kompetenz aller Beteiligten: der veranstaltenden Zentralbank, der ausführenden Fachabteilungen, der eingeladenen Redner, aber auch der genossenschaftlichen Banken und deren Kunden.

So entwickelte sich der Investmentdialog zum größten und bedeutendsten Event im genossenschaftlichen Bankensektor. Er ist mittlerweile eine Plattform mit Alleinstellungsmerkmal. Spätestens die Auszeichnung „Bank of the Year 2005", den die DZ Bank vom britischen Finanzmagazin „The Banker" als Preis für die erfolgreichste Bank des Landes erhielt, zeigt, dass die Leistungsstärke der genossenschaftlichen Banken gemeinsam mit der DZ BANK eine Benchmark unter den Allfinanzdienstleistern geworden ist. Diese Qualität kommuniziert auch der Investmentdialog. <

mwelt schützen
BAYER
Jugend begeistern
Science For A Better Life
26 Millionen km² entsprechen in etwa der Größe Nordamerikas. Und der Größe des Ozonlochs über der Antarktis. Der Umweltschutz gehört noch immer zu den dringendsten Aufgaben unserer Gesellschaft.
Bayer als weltweiter Partner des Umweltprogramms der Vereinten Nationen (UNEP) unterstützt und finanziert deshalb Umweltprojekte für Jugendliche rund um den Globus.
So werden in Asien Schüler zu Umweltbotschaftern ausgebildet und im Rahmen eines Forums Lösungsansätze von jungen Menschen gefördert. Mit dem Ziel, innovative Ideen zu entwickeln und damit auch zur Umwelterziehung beizutragen. www.bayer.de
ealthCare CropScience MaterialScience
The New Bayer

ThyssenKrupp AG

Die ThyssenKrupp-Initiative „Zukunft Technik entdecken"

Für Technik begeistern

Von Jürgen Claassen

BASKETBALL
FOOTBALL

ISSUES MANAGEMENT

> „Wie kann man die Menschen für Technik begeistern? Die Antwort: Man lädt alle ein, zeigt das Faszinierende, lässt anfassen und ausprobieren und die begeisterten Macher selber mal zu Wort kommen."

So kurz und prägnant beschrieb die Aachener Zeitung Anfang September 2004 das Ziel und die Konzeption des IdeenParks von ThyssenKrupp. Mit dieser Technik-Erlebnis-Ausstellung, die in nur drei Tagen mehr als 60.000 Besucher begeisterte, erreichte die ThyssenKrupp-Initiative „Zukunft Technik entdecken" ihren Höhepunkt.

Begonnen hatte dieses Engagement mit der Einsicht, dass sich die Wirtschaft verstärkt für den Standort engagieren muss. Damit Deutschland auch in Zukunft ein Land der Ideen mit exzellenten Wissenschaftlern und kreativen Unternehmen bleibt, brauchen wir eine Art Renaissance für Technik und Innovation und ein neues gesellschaftliches Klima, um den Fortschritt zu sichern. Denn die Zukunftsfähigkeit des Standortes Deutschland hängt von seiner Innovationskraft ab. In den vergangenen drei Jahrzehnten war dies zunehmend in Vergessenheit geraten. Die Folgen sind aktuell zu spüren: Der Mangel an qualifizierten Nachwuchsingenieuren wächst sich zu einem echten volkswirtschaftlichen Problem aus; rückläufige F&E-Investitionen lassen Deutschland im Wettlauf der großen Technologienationen zurückfallen. Als einer der größten deutschen Technologiekonzerne engagiert sich ThyssenKrupp bereits seit Jahren für den technischen Nachwuchs, unter anderem mit einem der modernsten Ausbildungszentren Europas, der engen Partnerschaften mit vielen technischen Hochschulen und der Unterstützung von „Jugend forscht". Als das Bundesministerium für Bildung und Forschung Partner für das „Jahr der Technik 2004" suchte, war ThyssenKrupp sofort bereit, das Projekt zu unterstützen, und rief eine eigene Initiative unter dem Motto: „Zukunft Technik entdecken" ins Leben. Ihre Ziele: den Nachwuchs für eine technische Ausbildung begeistern, die Öffentlichkeit von der Notwendigkeit technischer Innovation überzeugen und eine Kommunikationsplattform schaffen, die das Thema medienwirksam transportiert.

Planung einer vernetzten Initiative

Das Projekt wurde geplant unter Führung des Zentralbereichs Corporate Communications, Strategy and Executive Affairs, also in unmittelbarer Verantwortung des Vorstandsvorsitzenden. Die Initiative sollte aber auch die externen Partner wie zum Beispiel technische Universitäten und Verbände einbeziehen, denn schließlich entstehen Innovationen nur im Zusammenspiel der Kräfte. Daher wurde die Initiative „Zukunft Technik entdecken" als eine offene Plattform angelegt. ThyssenKrupp übernahm die Rolle des Impulsgebers. Die Initiative war eine Einladung an ambitionierte Unternehmen, Verbände und Einzelne, sich gemeinsam dafür einzusetzen, dass Technik wieder als Chance gesehen wird und optimale Rahmenbedingungen für die deutsche Innovationslandschaft entstehen können. Im ersten Halbjahr 2004 wurde diese Idee in zahllosen Einzelgesprächen den potenziellen Mitstreitern vorgestellt. Zu unserer großen Freude waren praktisch alle Gesprächspartner bereit, die Initiative zu unterstützen. Schon in diesen Vorgesprächen zeigte sich: Die Zeit des Lamentierens ist vorbei – es gibt genug Kräfte in diesem Land, die bereit sind, die Dinge in die Hand zu nehmen.

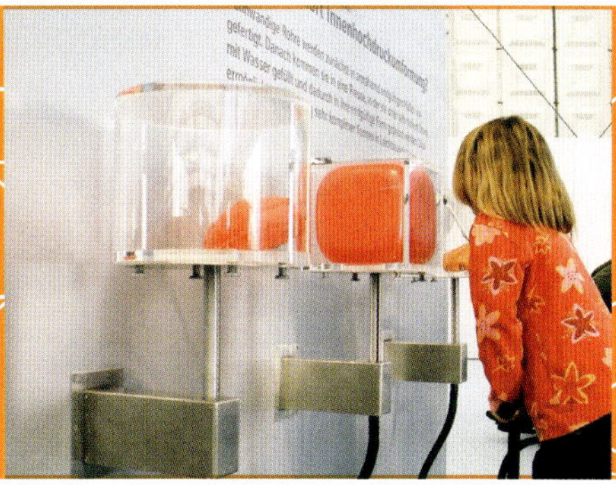

Eine integrierte Medienkampagne

Nach sechsmonatiger, intensiver Vorbereitungszeit startete die Initiative im Mai mit einer weiteren Staffel der ThyssenKrupp-Imagekampagne, bei der die Kinder von Mitarbeiterinnen und Mitarbeitern faszinierende Technologien vorstellen. Die große Zustimmung, die diese Kampagne in den vergangenen Jahren gefunden hat, war eine hervorragende Basis, um die Medien als echten Partner zu gewinnen. Mit im Boot waren praktisch alle meinungsbildenden Zeitungen wie die F.A.Z., die Welt, die Süddeutsche Zeitung, die ZEIT, das Handelsblatt, die VDI-Nachrichten, die Börsenzeitung sowie die WAZ-Gruppe als größter regionaler Zeitungsverlag. In enger Zusammenarbeit mit den Redaktionen entstand eine Serie von über 30 Sonderveröffentlichungen mit mehr als 150 Seiten Berichterstattung. Das Thema „Zukunft Technik entdecken" wurde unter verschiedenen Aspekten behandelt, nämlich Bildung, Ökonomie, Innovationen, Internationalität, Branchen und Kapitalmarkt, wobei die einzelnen Redaktionen jeweils ganz unterschiedliche Schwerpunkte setzten. Eine derartige Gemeinschaftsaktion unter Führung eines Wirtschaftsunternehmens ist in der deutschen Medienlandschaft bisher einmalig. Fester redaktioneller Bestandteil der Beilagen war die Berichterstattung über den IdeenPark, den zweiten Baustein der Initiative, mit dem ThyssenKrupp die allgemeine Öffentlichkeit und insbesondere Familien und Jugendliche erreichen wollte.

Zukunft Technik entdecken

Um Faszination für Technik zu vermitteln, muss man sie begreifbar und erlebbar machen. Unter dieser Prämisse wurde der IdeenPark entwickelt – eine Technik-Erlebnis-Ausstellung, die ebenso innovativ war wie ihr Thema. Der IdeenPark wurde in einer Zeltstadt rund um die Arena AufSchalke in Gelsenkirchen auf rund 17.500 Quadratmetern Grundfläche errichtet – das entspricht der Größe von drei Fußballfeldern. Er war als ein Technikerlebnis für die ganze Familie konzipiert und durchgehend jugendgerecht gestaltet. Die Besucher konnten vom 2. bis 4. September 2004 bei freiem Eintritt selbst zum Entdecker werden – erfahren, wie komplexe Technologien entwickelt werden, die „Denker" und „Macher" persönlich treffen, Technik zum Verstehen und Mitmachen erleben. Mehr als 500 Mitarbeiter und über 50 Partner engagierten sich in den vier Bereichen der Ausstellung, in denen die Besucher die „Zukunft Technik" aus ganz unterschiedlicher Perspektive erfahren konnten.

Im Eingangszelt lernten die Besucher auf spielerische Art die Zusammenhänge des technologischen Entwicklungsprozesses verstehen und erlebten, wie aus einer Idee eine Innovation wird. Ausgehend vom Menschen als Quelle aller Innovation, verdeutlichten wir den unverzichtbaren Beitrag von Schule, Berufsausbildung und Studium, zeigten die wichtige Rolle von Partnern und Netzwerken auf, gaben einen spielerischen Einblick in die wirtschaftspolitischen Rahmenbedingungen und präsentierten die wesentlichen Erfolgsfaktoren, die ein innovatives Unternehmen kennzeichnen.

Innovationen aus erster Hand

Im Hauptzelt waren 21 Originalexponate aus dem ThyssenKrupp-Konzern zu sehen, alle inklusive einer spielerischen Umsetzung der zu Grunde liegenden Techniken für Kinder und Jugendliche. Ganz wichtig für den Erfolg des IdeenParks: Jedes Exponat wurde durch die an der Entwicklung beteiligten Menschen präsentiert, also Ingenieure bei ThyssenKrupp, Anwender von Kundenseite und so weiter. Ein Beispiel: Die vierfache Bobweltmeisterin Susi Erdmann und Klaus Nowak, Werkstoffexperte von ThyssenKrupp, zeigten gemeinsam, welchen Einfluss der Hightechwerkstoff Stahl im Bobsport hat. Das Exponat eines völlig neu entwickelten Rennbobs und verschiedener Rennkufen, Praxisunterricht im Kufenschleifen und eine Anschubbahn, auf der die Besucher ihre persönliche Startzeit messen konnten, sorgten für die populäre und spielerische Aufbereitung des Themas.

Zukunft Technik diskutieren

Das Bühnenprogramm im IdeenPark zeichnete sich durch hochkarätige und prominente Teilnehmer aus. Als Moderatoren waren unter anderen Günther Jauch mit einer eigenen Show am Eröffnungstag sowie der ehemalige Nachrichtensprecher Heiner Bremer mit von der Partie, das Deutsche Luft- und Raumfahrtzentrum beteiligte sich mit einer Spaceshow, und bei der WDR-Sendung „Kopfball" konnten die Teilnehmer ihr Wissen testen. Zu den Teilnehmern der vielen Podiumsdiskussionen zählten unter anderen NRW-Ministerpräsident Peer Steinbrück, Nobelpreisträger Hartmut Michel und Fußballmanager Rudi Assauer.

Großen Zuspruch fand auch die Junge Bühne, auf der Wissenschaftsjournalist Ranga Yogeshwar eine tägliche Wissenschaftsshow für Kinder und Gregor Steinbrenner die populäre ZDF-Kindershow 1, 2 oder 3 moderierten. Insgesamt umfasste das Bühnenprogramm 48 Stunden Unterhaltung und Information.

Engagement für neues Denken

Im dritten Zelt des IdeenParks präsentierten sich zahlreiche Partner der Initiative, unter anderen der Initiativkreis Ruhrgebiet mit seiner Ideenbörse, das Deutsche Museum in Bonn mit einer Lernstation zum Thema Nanotechnologie, das F.A.Z.-Institut mit Kreativworkshops, die Stiftung „Jugend forscht" mit aktuellen Exponaten sowie eine Lehrstellenbörse in Kooperation mit der IHK.

Auch die Partneruniversitäten aus Aachen, Berlin, Bochum, Dortmund, Dresden und Hamburg waren mit spannenden Exponaten vertreten und zeigten, wie vielseitig ein Technikstudium sein kann. Im Außenbereich entführte der Nanotruck des BMBF die Besucher in die Welt der Atome, während die ZDF-Aktionszelte und der Bauwagen aus der Sendung „Löwenzahn" die jungen Gäste in ihren Bann zogen.

Der emotionsgeladene Höhepunkt

Die Musik der erfolgreichsten Popband Deutschlands begleitet bereits seit 2001 die ThyssenKrupp-Imagekampagne; Mitarbeiter- und Kundenevents mit PUR sind zu einem festen Bestandteil der Unternehmenskommunikation geworden. Auch der IdeenPark hatte durch ein exklusives Konzert „PUR klassisch" einen zusätzlichen emotionalen Höhepunkt. Am Eröffnungsabend, dem 2. September, feierten auf Einladung von ThyssenKrupp mehr als 65.000 Freunde, Partner und Mitarbeiter drei Stunden lang gemeinsam in der Arena AufSchalke. Mehrere Tausend Karten wurden im Rahmen einer Medienkooperation mit der WAZ-Gruppe verlost. Damit wurden Event, Imagekampagne und Sponsoring zu einem integrierten Markenerlebnis von beeindruckender Größe verbunden.

Innovationskommunikation wird an Bedeutung gewinnen

Insgesamt über 60.000 begeisterte Gäste und ein durchweg positives Feedback aller Partner und der Presse belegen den Erfolg der Initiative. Auch die nackten Zahlen sind eindeutig: Über 90 Prozent der befragten Besucher hielten den IdeenPark für innovativ, attraktiv, vielfältig und zukunftsorientiert. 96 Prozent sprachen sich für eine Wiederholung aus. 94 Prozent sagten, der Besuch habe sich gelohnt. Bei drei von vier Besuchern hatte der IdeenPark eine positive Auswirkung auf die Haltung zur Technik. In den Kommentaren der jungen Besucher kommt das ganz unmittelbar zum Ausdruck: „Ich finde es gut, dass man hier alles ausprobieren darf und dass man die Sachen auch erklärt bekommt" (Florian, Schüler). „Hier sind wirklich alle dargestellten Ideen interessant. Mein Interesse für Technik ist auf jeden Fall geweckt" (Jana, Schülerin). Dies alles zeigt, dass die Menschen, vor allem aber die Jugendlichen, großes Interesse an einer lebendigen und verständlichen Vermittlung von Forschung und Technik haben. Das ist sehr ermutigend, aber erst ein Anfang. Innovation muss Teil unserer Alltagskultur werden. ThyssenKrupp ist 2004 mit gutem Beispiel vorangegangen. Der Erfolg motiviert uns, dieses Engagement zu einer tragenden Säule der Unternehmenskommunikation auszubauen. <

MLP AG

Eindimensionales Unternehmensimage beförderte den Kommunikationsgau

Der kommunikative **Turnaround** der MLP

Von Michael Pfister

Die „neue MLP" kommuniziert ihre Stärken als Premiummarke

ISSUES MANAGEMENT

> Über drei Jahrzehnte galt der Heidelberger Finanzdienstleister MLP in der Öffentlichkeit als ein vom Erfolg verwöhntes Unternehmen. Jahr für Jahr wuchsen Umsatz und Neukundenzahl prozentual zweistellig. Nach dem Börsengang 1988 – das Unternehmen prosperierte ungebremst – avancierten MLP-Aktien zu den erfolgreichsten Wertpapieren in Europa. Zur Jahrtausendwende stand der integrierte Finanzdienstleister im Zenit seines Erfolgs. Publizistisch war MLP ein „Selbstläufer", stets gut für eine Erfolgsstory in der Wirtschaftspresse.

Der Vorwurf der Falschbilanzierung, am 16. Mai 2002 von einem Anlegermagazin erhoben, traf MLP wie der sprichwörtliche Blitz aus heiterem Himmel. Schlimmer noch: Er traf das Unternehmen völlig unvorbereitet – und MLP reagierte in keiner Weise adäquat. Die Berichterstattung stürzte MLP in eine schwere Unternehmenskrise. Das Presseecho war ein publizistisches Desaster; es war jedoch nicht Ursache, sondern Auslöser der Krise. Der einstige „Börsenstar" MLP, fünfmal von einem Wirtschaftsmagazin als „Unternehmen des Jahres" ausgezeichnet, geriet unvermittelt in Skandalschlagzeilen. Die Medien und der Kapitalmarkt begegneten MLP mit wachsender Skepsis; in den folgenden Monaten verloren die Aktien rund 90 Prozent ihres Wertes.

Die Krise offenbarte Defizite

Die Krise offenbarte schwer wiegende Kommunikationsmängel: Zu einseitig hatte sich das damalige DAX-30-Unternehmen auf die Kommunikation mit Kapitalmarktteilnehmern und Kunden konzentriert, zu eklatant war die Diskrepanz zwischen Selbstbild und öffentlicher Wahrnehmung geworden. Das MLP-Geschäftsmodell, einzigartig in Europa, war mangels aktiver Kommunikation für viele Journalisten ein Buch mit sieben Siegeln. Die nicht enden wollende Erfolgsstory von MLP verstellte dem Management den Blick für die Notwendigkeit einer strategisch ausgerichteten, aktiven Kommunikationsarbeit. Das Image von MLP definierte sich seinerzeit über den Aktienkurs, nicht über das Bild des Unternehmens in der Öffentlichkeit. So wurde in der Krise des Jahres 2002 auch schmerzlich deutlich, dass MLP im öffentlichen Bewusstsein höchst eindimensional verankert war – eben „nur" als erfolgreicher Finanzdienstleister. Das Selbstverständnis des Unternehmens, seine Ansprüche an Beratungsqualität und Weiterbildung, seine kompromisslose Kundenorientierung und sein auf Akademiker ausgerichtetes Produktportfolio waren in der breiten Öffentlichkeit (die MLP-Klientel ausgenommen) weitestgehend unbekannt.

Den Hauptpfeiler im MLP-Image, den aus Ertragsstärke resultierenden hohen Aktienkurs, brachte der unvermittelte Vorwurf der Falschbilanzierung bedrohlich ins Wanken. Und musste – im Umkehrschluss der öffentlichen Wahrnehmung – nicht etwas dran sein an den Vorwürfen, wenn der Kurs der MLP-Aktien kontinuierlich in den Keller rauschte? Am 15. Mai 2002 hatte er noch bei 59,80 Euro gelegen, bis zum 12. März 2003 war er auf 5,78 Euro abgestürzt. Kaum hatte sich während des Sommers 2002 der publizistische Sturm gelegt, da durchsuchte Anfang Oktober die Staatsanwaltschaft die Büros der MLP-Zentrale im Raum Heidelberg und ermittelt seither wegen des Verdachts der Bilanzmanipulation. In den folgenden Wochen und Monaten sah sich MLP mit einer um durchschnittlich 400 Prozent gestiegenen Medienresonanz konfrontiert. Es bedarf kaum der Erwähnung, dass sie fast ausschließlich negativ ausfiel. Selbst einige Medienvertreter sprachen in ihrer Berichterstattung von einer „Kampagne".

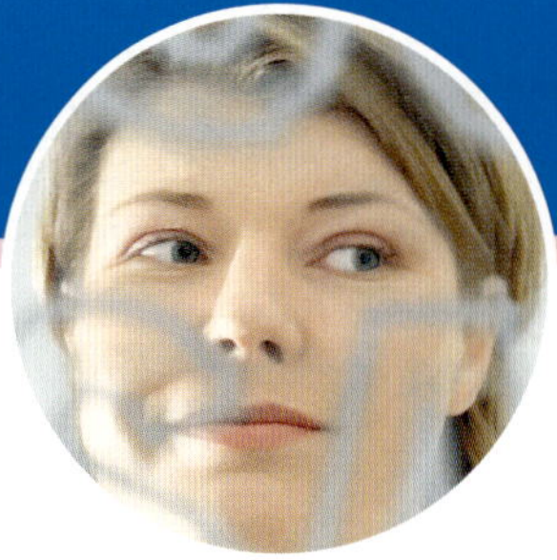

Die Kommunikationsstruktur

An dieser Stelle ist ein Blick auf die im ersten Halbjahr 2002 bei MLP anzutreffenden Kommunikationsstrukturen geboten. Denn er lässt ahnen, warum zunächst die Krise das Unternehmen im Griff hatte, bevor MLP die Krise in den Griff bekam: Seit 1999 war die MLP-Unternehmenskommunikation zuständig für Presse und PR, Investor-Relations und Marketing. Diese Ressorts wurden, einschließlich der Funktion des Pressesprechers, in Personalunion geführt. Die interne Kommunikation war dem Vertrieb zugeordnet, und für die Inhalte der MLP-Homepage – der weltweiten „Visitenkarte" des Finanzdienstleisters – war der IT-Bereich verantwortlich.

Investor-Relations: Das Ressort Investor-Relations, bis dahin fast ausschließlich vom Vorstand selbst betreut, tat sich schwer mit der Definition eines eigenen Aufgabenbereichs. Die Bedeutung einer aktiven Kommunikation mit dem Kapitalmarkt wurde nach einer außerordentlichen Hauptversammlung im November 2000 evident: Damals wurden die Vereinheitlichung der beiden Aktiengattungen (Stämme und Vorzüge) sowie der Rückkauf von Anteilen der MLP-Tochtergesellschaften durch die Holding MLP AG beschlossen. Dagegen erhoben zwei Aktionäre Anfechtungsklage. Sie waren zwar letztlich in allen Instanzen unterlegen, doch seit Herbst 2000 begann der Bedarf an Investor-Relations kontinuierlich zu steigen – und stieß schnell an strukturelle Grenzen. Die Aufnahme von MLP in den DAX 30 im Juni 2001 verschärfte diese Situation.

Presse/Medien: Erst 1997 wurde bei MLP überhaupt die Funktion eines Pressesprechers geschaffen, der sich in der Folge nahezu ausschließlich auf die kapitalmarktrelevanten Medien konzentrierte. Für eine offensive Kommunikationsarbeit bestand augenscheinlich – man hatte schon mit den Anfragen der Wirtschaftspresse alle Hände voll zu tun – keine Notwendigkeit. Immerhin erfreute sich der „Börsenstar" MLP des ungeschmälerten Wohlwollens der gedruckten und elektronischen Medien. Schon den Gedanken an Maßnahmen für eine präventive Krisenkommunikation hätte man damals für vollkommen abwegig gehalten. Infolgedessen gab es sie auch nicht – ein eklatantes Versäumnis, wie sich zeigen sollte.

Marketing: Das Marketing bei MLP konzentrierte sich – durchaus effektiv – auf verkaufsfördernde Instrumente wie Fachbuchreihen für Studierende, Broschüren und Flyer sowie das mehrfach ausgezeichnete Kundenmagazin „Forum". Eine Marken bildende Strategie wurde dabei nicht verfolgt. Eine Kampagne mit Image- und Personalanzeigen wurde erstmals im Herbst 2000 durchgeführt.

Internet/Intranet: Das Onlinezeitalter begann für MLP 1996, ein Jahr später kam für die Mitarbeiter das Intranet hinzu. Die „Expert Base" im Intranet, die den MLP-Beratern didaktisch aufbereitete Fachinformationen für ihren Beratungsalltag bietet, ist bis heute ein fester Bestandteil der internen Aus- und Weiterbildung. Mit dem im Jahr 2000 eingeführten „Financepilot" bietet MLP seinen Kunden eine umfassende interaktive Plattform für alle Dienstleistungen. Die Unternehmenskommunikation war bis 2004 in keine dieser Onlineplattformen eingebunden.

Interne Kommunikation: Die interne Kommunikation war im Vertrieb angesiedelt und umfasste das Mitarbeiter-„InfoForum" im Intranet sowie die Veranstaltungen der MLP Corporate University. Teil der internen Kommunikation sind auch die bis heute unverändert existierenden „Montagsrunden" in den MLP-Geschäftsstellen; sie dienen primär dem vertrieblichen Informationsaustausch.

Externe Kommunikation: Die externe Unternehmenskommunikation konzentrierte sich bis Mitte 2000 auf nur zwei Zielgruppen:

(potenzielle) Kunden und Kapitalmarktteilnehmer. Ihnen gegenüber galt es, MLP als „attraktives Unternehmen" zu positionieren. Und bis ins späte Frühjahr 2002 wurde MLP in der Öffentlichkeit durchweg „positiv" wahrgenommen. Wie auch sonst, hatte es doch bis dahin nicht die Andeutung einer negativen Schlagzeile gegeben. Wie aus heiterem Himmel traf die erfolgsverwöhnte MLP nun ein publizistischer „Hammer" – der Vorwurf der Falschbilanzierung. Der damalige Vorstandsvorsitzende erklärte die prekäre Angelegenheit zur Chefsache – und involvierte die Unternehmenskommunikation nicht. So nahmen die Dinge dann ihren unheilvollen Lauf – bis MLP mit dem Rücken zur Wand stand.

DIE „TAKTISCHEN" ZIELE DER KRISENKOMMUNIKATION

Neben dem übergeordneten Ziel (Rückgewinnung des Vertrauens von Kapitalmarktteilnehmern und breiter Öffentlichkeit) und der kommunikativen Neupositionierung von MLP als strategischem Ziel formulierte die Unternehmenskommunikation folgende „taktische" Ziele:

- **Professionalisierung der Pressearbeit**
- **Stärkung der Kapitalmarktkommunikation**
- **Imageaufbau auf breiter Ebene**
- **Stärkung des Managements**
- **Neupositionierung der Marke MLP**
- **Intensivierung der Kundenkommunikation**
- **Ausbau der internen Kommunikation**
- **Vernetzung des Unternehmens**
- **Konzept einer präventiven Krisenkommunikation**

Integrierte Kommunikation

Im Juli 2002 berief der MLP-Vorstand einen neuen Kommunikationsleiter und der Aufsichtsrat kurze Zeit später einen (externen) Finanzvorstand. Die Unternehmenskommunikation wurde neu strukturiert: Presse und PR, Marketing und Investor-Relations wurden eigenständige Abteilungen. Ihnen folgten die Interne Kommunikation und die Internetkommunikation – alle zusammengefasst im Bereich Kommunikation. Vorstand und Aufsichtsrat verpflichteten das Unternehmen auf ein an der Unternehmensstrategie ausgerichtetes Kommunikationskonzept. Damit war bei MLP die Basis für eine integrierte Gesamtkommunikation geschaffen worden.

Die auf der Hauptversammlung am 28. Mai 2002 vom Vorstand angekündigte Kommunikationsoffensive fand zunächst nicht statt: Noch fehlte es an der Bereitschaft, externe Fragestellungen – auch selbstkritisch – zu diskutieren. Zwar litt MLP unter den Folgen des Kommunikationsgaus, doch galt es übereilten Aktionismus zu vermeiden: Schließlich ging es nicht mehr um die Abwendung einer Krise, sondern um ihre möglichst gründliche Aufarbeitung. Andererseits waren natürlich rasche kommunikative Ergebnisse gefragt, die nachhaltig wirken sollten. Deshalb konzentrierte sich der neu geschaffene Kommunikationsbereich, unterstützt von Consulting-Firmen und Agenturen, zunächst auf die Diagnose der Krisenursachen. Die Ursachen wurden mit Hilfe eines Stärken-Schwächen-Profils identifiziert, in das eine Vielzahl von Parametern einfloss. Zudem wurde eine Unternehmensberatung mit qualitativen Befragungen von Mitarbeitern, Kunden und Kapitalmarktteilnehmern beauftragt. Auch diese Ergebnisse flossen in die Analyse der Krisenursachen ein.

Kommunikative Offensive

Die als wesentlich identifizierten Gründe für die Unternehmenskrise sowie die Ist-Situation bildeten die Grundlage für die Planung einer zunächst strategischen Krisenkommunikation, die in die zukünftige integrierte Gesamtkommunikation von MLP einmünden sollte. Das von der Unternehmenskommunikation definierte übergeordnete Ziel lautete: Rückgewinnung des Vertrauens der Kapitalmarktteilnehmer und der breiten Öffentlichkeit sowie Wiedergewinnung der publizistischen „Lufthoheit". Die kommunikative Neupositionierung des Unternehmens – die „neue" MLP ist nicht mehr mit der „alten" identisch – formulierten wir als strategisches, mittelfristiges Ziel. Zur Erreichung dieser beiden wesentlichen Kommunikationsziele postulierten wir neun „taktische Ziele", wobei jede einzelne Zielsetzung operationalisiert und in konzeptionelle Schritte untergliedert wurde. Die Presseabteilung beispielsweise wurde nach Wirtschafts-, Fach- und Regionalmedien neu strukturiert und mit der aktiven Generierung von MLP-nahen, öffentlichkeitsrelevanten Themen beauftragt. In der Kapitalmarktkommunikation sollen die MLP-Geschäftsberichte zukünftig Maßstäbe in Sachen Transparenz setzen. Für den breit angelegten Neuaufbau des Images von MLP wurden unter anderem neue kommunikative Zielgruppen festgelegt und Dialogveranstaltungen eingeführt.

Neues Markenleitbild

Für die Marke „MLP" wurde ein neues Leitbild entwickelt mit dem Claim „MLP Private Finance. Sie verdienen das Beste". In der internen Kommunikation ging im Frühjahr 2004 die neue elektronische Mitarbeiterzeitung „MLP-Inside" erstmals online. Und last but not least wurde eine präventive Krisenkommunikation erarbeitet, die unter anderem auf Frühwarnindikatoren zurückgreift und sich auf einen „Krisenstab" mit vorab festgelegter Kompetenzverteilung stützen kann. Für die neun taktischen Ziele wurden fast 50 operative Einzelschritte formuliert, die sich in unterschiedlichen Stadien ihrer Umsetzung befinden. Etwa 40 operative Maßnahmen sind bis heute abgeschlossen.

So paradox es klingen mag: Die Negativberichterstattung über MLP hatte auch positive Seiten. Es wurde relativ schnell deutlich, dass das Kerngeschäft des Unternehmens – die Finanzberatung von Akademikern – in den Medienberichten ebenso wenig thematisiert wurde wie das MLP-Geschäftsmodell oder die Beratungsqualität. Nur wenige Kunden kehrten MLP 2002 den Rücken. Im Gegenteil: Die Berater erfuhren von ihren Klienten durchweg positive, aufmunternde Reaktionen. So war für den Herbst eine Imagekampagne mit realen Kunden-Testimonials geplant, die MLP von der bisherigen Fixierung auf die Aktienkursentwicklung abkoppeln und stattdessen die kompromisslose Kundenorientierung des Unternehmens in den Blickpunkt rücken sollte. Wir hatten keine Probleme, Ärzte und Anwälte, Ingenieure und Architekten zur Mitwirkung in dieser Kampagne zu motivieren.

MLP zeigt Flagge

Ab Herbst 2002 setzte MLP in der Kommunikation mit Medien, Kunden, Kapitalmarkt und Öffentlichkeit – wo immer möglich – auf den persönlichen Dialog. Zahlreiche Kommunikationsmaßnahmen wie Round-Table-Gespräche, Namensartikel in der Fach- und Wirtschaftspresse, die Teilnahme von Vorstandsmitgliedern an Fachveranstaltungen oder regionale Sponsoringaktivitäten flankieren die Dialogbereitschaft der „neuen MLP". Zwischenzeitlich hatten renommierte Wirtschaftswissenschaftler in unabhängigen Gutachten festgestellt, dass die (seinerzeitige) Bilanzierungspraxis von MLP nicht zu beanstanden sei. Wirtschaftspresse und Analysten nahmen dies wie auch die Bilanzumstellung von der deutschen auf die internationale Rechnungslegung (IFRS) wohlwollend auf, und die Berichterstattung versachlichte sich zusehends. Zum Jahresbeginn 2003 hatte MLP die schwerste Krise in seiner Unternehmensgeschichte überwunden. Die Medienresonanzanalysen der folgenden Monate zeigten, dass in der Öffentlichkeit verloren gegangenes Vertrauen wiedergewonnen werden konnte.

Image ist kursrelevant

Inzwischen wird MLP in den Medien mit einem erheblich breiteren Themenspektrum als vor der Krise wahrgenommen, und erstmals seit dem Frühjahr 2002 überwiegen bei den Analysten wieder die Kaufempfehlungen für die MLP-Aktie. Deren Kursentwicklung wird in der zukünftigen Kommunikationspolitik von MLP nur ein (wichtiger) Faktor unter anderen sein. Durchaus kursrelevant – dies hat MLP schmerzlich erfahren müssen – ist auch das Image eines Unternehmens in der Öffentlichkeit. Indes sind Kunden und Analysten nur ein Teil der Öffentlichkeit. Zukünftig wird das Unternehmen offensiver in den Medien und der Öffentlichkeit auftreten. MLP soll als Premiummarke positioniert und der Aspekt „Qualität" in der Beratung und beim Produktportfolio deutlich herausgestellt werden. Dieses Ziel soll mit einer breit angelegten PR- und Marketingkampagne erreicht werden, die zurzeit erarbeitet wird – mit großer Sensibilität für alle Zielgruppen. <

TUI AG

Wie die TUI auf den Tsunami in Südostasien reagierte

Flutkatastrophe und Krisenmanagement

Von Uwe Kattwinkel und Mario Köpers

ISSUES MANAGEMENT

> Es geschah am zweiten Weihnachtsfeiertag. Die meisten Mitarbeiter der TUI-Zentrale verbrachten die Zeit gerade mit ihren Familien und Freunden, als am Morgen des 26. Dezember 2004 eine der größten Naturkatastrophen, die die Welt je sah, ihren Lauf nahm. Eine riesige Flutwelle überrollte weite Teile der Küsten Südostasiens und zerstörte Regionen, in denen sich auch eine große Zahl von Urlaubern aufhielt. Viele der Hotelgäste, die in den nächsten Stunden in Angst und Schrecken versetzt werden sollten, hatten bei der TUI gebucht. Eine solche in Zeitpunkt und Ausmaß unvorhersehbare Katastrophe ist der Albtraum aller Reisemanager. Ähnlich wie Luftfahrtgesellschaften, die in der Furcht vor Flugzeugabstürzen leben, oder Chemieunternehmen, die jederzeit mit Explosionen mit austretenden Giftstoffen rechnen müssen, wissen Touristikkonzerne, dass sie urplötzlich mit Ereignissen konfrontiert werden können, bei denen Urlauber gefährdet sind und deren Handling höchste Aufmerksamkeit und Professionalität erfordert. So sind wie Luftfahrt- und Chemieunternehmen auch Touristikgesellschaften für den Ernstfall gerüstet. Die Vorbereitung auf Krisenfälle gehört zum selbstverständlichen Rüstzeug und wird trainiert.

Der Krisenstab

Ein entscheidender Punkt im Krisenfall ist Schnelligkeit. Bei einer Katastrophe ist es enorm wichtig, so rasch wie möglich handlungsfähig zu sein. Das muss selbst an einem Feiertag wie dem 26. Dezember gelingen, wo sich natürlich fast jeder Mitarbeiter im Weihnachtsurlaub befindet. Klar definierte Abläufe mit präzisen Angaben beispielsweise zu Stellvertreterregelungen sind in solchen Fällen Gold wert. An jenem Sonntag meldete die TUI-Reiseleitung auf den Malediven erstmals um 4.30 Uhr eine Flutwelle. Eine Stunde später, um 5.30 Uhr, erreichte die TUI in Thailand die Nachricht über den verheerenden Tsunami. Bereits kurze Zeit später, um 8.00 Uhr, kam der Krisenstab des Touristikkonzerns in Hannover zu seiner ersten Sitzung zusammen: der Chef des Krisenstabes sowie routinierte Krisenmanager aus den Bereichen Beförderung, Call-Center, Recht, 24-Stunden-Verkehrszentrale, Kommunikation und natürlich Produktmanager mit guten Ortskenntnissen über die betroffene Region. Noch ahnte keiner der Teilnehmer, welches Ausmaß die Flutwelle hatte. Im Krisenstab liefen alle Informationen zusammen, er tagte in den nächsten Tagen praktisch rund um die Uhr.

Sehr früh wurde Kontakt mit dem Auswärtigen Amt aufgenommen, um Informationen und Maßnahmen abzustimmen. Wegen der diffusen Informationslage, der zusammengebrochenen Telekommunikationsnetze, der mangelnden Koordination der Behörden vor Ort und der Tatsache, dass die TUI über keine eigenen Carrier für den Rücktransport der Gäste verfügte, war die Herausforderung für den Krisenstab besonders groß. Eine weitere Grundsatzentscheidung musste rasch getroffen werden: Wie gehen wir mit der Kommunikation um? Die TUI als größter europäischer Reiseveranstalter ist bei außerplanmäßigen Ereignissen in Urlaubsregionen immer eine der ersten Quellen für Journalisten. Täglich beantworten Mitarbeiter Fragen zur Situation in einzelnen Ländern, die über Informationen zu Sonne, Sand und Strand weit hinausgehen. Nachdem sich am 26. Dezember sehr bald ein enormes Medieninteresse angedeutet hatte, musste entschieden werden, ob die Krisenkommunikation offen und aktiv oder eher restriktiv zu handhaben war. Als Branchenprimus war sich der Touristikkonzern der Verantwortung bewusst und beschloss frühzeitig, die Öffentlichkeit transparent und zeitnah mit allen ihm zugänglichen Informationen zu versorgen. Neben der Hilfe für Betroffene und deren Angehörige und Freunde war die Politik der aktiven Krisenkommunikation auch richtig, um Schaden vom Unternehmen abzuwenden. Ist die Krisenkommunikation abwartend und zögerlich, entsteht vielleicht sogar der Eindruck, die TUI würde nicht alles Menschenmögliche für ihre Gäste unternehmen. Dann könnte eine Naturkatastrophe wie der Tsunami schnell zu einem Imageverlust und womöglich zu einer negativen Reaktion an der Börse führen.

Ab 9.00 Uhr berichteten an diesem Tag die ersten Medien über die Ereignisse. CNN war deutlich vor den deutschen Medien, die in der ersten Phase die Berichterstattung weit gehend „verschliefen". Am späten Vormittag verdichtete sich die Informationslage. Als der Krisenstab um 12.30 Uhr zum zweiten Mal zusammentrat, war bereits klar, dass die Folgen der Flutwelle dramatisch sein mussten.

Die Kommunikationsoffensive

Die TUI fasste erste Beschlüsse: Alle Reisen auf die Malediven, nach Thailand und Sri Lanka wurden für eine bestimmte Zeit ausgesetzt. Alle Abflüge in die Region konnten kostenlos umgebucht oder storniert werden, die Flughafenstationen wurden personell verstärkt, das TUI-Care-Team wurde für den Einsatz an Flughäfen und in den Zielgebieten aktiviert, und Satellitentelefone wurden in die Krisenregion versandt. Die ersten Entscheidungen standen damit fest, die Kommunikationsoffensive konnte beginnen. Um schnell mit Informationen auf dem Markt zu sein, wurden noch vor dem Versand der ersten Presseinformation dpa und Reuters informiert. Dann ging es Schlag auf Schlag: Die Telefondrähte der Pressesprecher glühten, Anfragen von Printmedien und Radiosendern kamen quasi im Minutentakt. Vor dem Haupteingang des Touristikkonzerns gaben sich die Fernsehsender die Klinke in die Hand. Die TUI war in diesen ersten Stunden der Katastrophe omnipräsent – von anderen Reiseveranstaltern war zu diesem Zeitpunkt nichts zu hören und zu sehen.

Währenddessen arbeiteten die Mitarbeiter im Katastrophengebiet nonstop. Es ging darum, sich ein Bild darüber zu verschaffen, ob und in welchem Maße sich Gäste des Unternehmens unter den Opfern befanden, und die Rücktransporte zu organisieren. Und so konnte beispielsweise schon am Montagmorgen, dem 27. Dezember, gemeldet werden: Alle TUI-Gäste auf den Malediven sind gesund. Ab Montagmittag trafen die ersten betroffenen Urlauber in Deutschland ein und wurden von den Flughafenstationen und Care-Team-Mitgliedern in Empfang genommen. Die Strategie der Kommunikation zu diesem Zeitpunkt lautete: Betroffenheit zeigen und gleichzeitig durch die Nennung vieler Details Glaubwürdigkeit und Kompetenz ausstrahlen. Frei nach dem Motto: „Die TUI hat's im Griff". Und alle hielten sich an die Devise, keine ungesicherten Informationen weiterzugeben. Über die Situation in der Region Khao Lak konnten wir lange nichts Konkretes mitteilen und widerstanden der Versuchung, Gerüchten Nahrung zu geben. Zur Phase eins des Krisenmanagements, der Rettungsaktion zwischen dem 26. und 29. Dezember, gehörten auch das Chartern einer Sondermaschine, die Verschickung eines „Search&Rescue-Teams" sowie die Verlegung vieler Gäste von der Küste in sicherere Regionen im Landesinneren.

Das Hilfsprogramm

Am Montag, dem 27. Dezember, verbreitete die Pressestelle um 15.00 Uhr und um 18.00 Uhr zwei weitere Meldungen mit aktu-

ellen Informationen. Auch an den beiden folgenden Tagen war der Krisenstab weiterhin im Einsatz und mit der Rettungsaktion befasst. Er überprüfte ständig die Gästelisten in Abstimmung mit dem Auswärtigen Amt und suchte nach Vermissten. Es wurden die letzten Rücktransporte für TUI-Gäste aus Phuket und Sri Lanka organisiert. In der Kommunikation nach außen lautete die Kernbotschaft: „Wir geben die Hoffnung nicht auf." Von zunächst 97 vermissten TUI-Gästen aus der Region Khao Lak hatten sich zwischenzeitlich 25 wieder gemeldet.

Vom 30. Dezember 2004 bis zum 2. Januar 2005 kam dann die wohl gefährlichste Phase der Krisenkommunikation. Es gab zu diesem Zeitpunkt im Grunde nichts Neues, Rettungsaktionen vor Ort verliefen meist ergebnislos, die Hoffnung, Überlebende zu finden, schwand, und die Rückholaktion der Urlauber war weitestgehend abgeschlossen. Das Informationsvakuum mussten die Medien dennoch irgendwie überbrücken. Erste kritische Stimmen meldeten sich, und die Journalisten wollten konkrete Opferzahlen, auch wenn diese auf seriöse Weise nicht zu liefern waren. In dieser zweiten Phase hat sich die TUI eine eher restriktive Kommunikation verordnet und dies auch mit dem Deutschen Reisebüro- und Reiseveranstalter-Verband (DRV) sowie anderen Veranstaltern abgestimmt. Es sollten keine ständigen „Wasserstandsmeldungen" abgegeben werden. Unberechtigt kritischen Stimmen hingegen wurde in jedem einzelnen Fall unverzüglich und entschieden entgegengetreten.

In der dritten Phase der Krisenkommunikation, als die Spendenaktionen anliefen und es um die Frage ging: „Wie geht es in den betroffenen Ländern weiter?", zeigte der Touristikkonzern wieder Flagge. Am Dienstag, dem 4. Januar, gab die Konzernkommunikation ihre insgesamt fünfte Pressemitteilung heraus und stellte sich damit an die Spitze einer Betrachtung, die sagte:

„Nach der Flutkatastrophe soll für die Menschen in Südostasien nicht noch ein wirtschaftliches Desaster folgen." Die Zielrichtung dieser Kampagne war die Verknüpfung des Neubeginns des Tourismus mit der Unterstützung der Menschen vor Ort. Gleichzeitig startete der Touristikkonzern das Hilfsprogramm TUI Aid, das mit 1,25 Millionen Euro ausgestattet wurde. Außerdem wurden ausgewählten Medien Hintergrundgespräche mit dem Leiter des Krisenstabes angeboten. In dieser Phase wurde besonders darauf geachtet, dass die Berichterstattung nicht zur plumpen PR und „Selbstbeweihräucherung" wurde. Billige PR-Effekte wären dem schrecklichen Ausmaß der durch den Tsunami ausgelösten menschlichen Not nicht gerecht geworden. Dennoch gelang es, in Phase drei darzustellen, dass die TUI auch in außergewöhnlichen Situationen im Stande war, richtig zu reagieren. Das Markenversprechen als qualitativ führender Anbieter von Pauschalreisen konnte die Krisenkommunikation einlösen. Die „Wirtschaftswoche" beispielsweise lobte: „TUI ist seiner Rolle als Branchenprimus gerecht geworden". Und auch die Fachzeitschrift „Travel Tribune" bemerkte: „Im Angesicht der Flutkatastrophe zeigt sich, dass die TUI ihrem hohen Anspruch beim Thema Sicherheit gerecht wird". Der Rheinische Merkur kreierte in Anspielung auf die erfolgreiche Arbeit des TUI-Krisenstabschefs sogar die Schlagzeile „Retter der Reisenden".

Gelungen ist diese positive Wahrnehmung, weil Krisenbewältigung und Krisenkommunikation bei der Jahrtausendflut Hand in Hand arbeiteten. Vier Pressesprecher waren zwischen dem 26. und 31. Dezember fast rund um die Uhr im Einsatz, fünf weitere Mitarbeiter aus der Kommunikationsabteilung recherchierten Hintergründe und bereiteten Informationen auf. Ein Mitarbeiter der Presseabteilung saß permanent im Krisenraum und agierte quasi als Verbindungsoffizier. Insgesamt wurden rund 800 Presseanfragen in sechs Tagen beantwortet, rund 30 Fernsehinterviews, teilweise live, gegeben und kontinuierlich eine eigens eingerichtete Internetseite mit Informationen zur Flutkatastrophe aktualisiert. Alle zwei Stunden stimmten sich die Pressesprecher intern ab, um neueste Informationen auszutauschen und die nächsten Schritte zu besprechen. Dieser Aufwand war enorm und hat das ganze Kommunikationsteam für einige Tage an die Grenzen der Belastbarkeit geführt. Aber angesichts des Leids und der Ängste der Menschen waren unsere Anstrengungen das Geringste, was wir tun konnten. <

Bertelsmann AG

Entwicklung und Einführung eines Issues-Management-Systems bei der Bertelsmann AG

Das „IM-Net"

Von Bernd Bauer

ISSUES MANAGEMENT

> „Königsdisziplin", „Chefsache", „Chancenmanagement": Issues-Management ist noch immer eines der Topthemen der deutschen Corporate-Communications-Branche. Kontroverse Themen frühzeitig erkennen, koordiniert steuern und dadurch Schaden vom Unternehmen abwenden sowie Imagechancen nutzen – kaum ein Kommunikationsverantwortlicher wird die Notwendigkeit dieser Idee abstreiten. Tatsächlich geht an systematischem Themenmanagement kaum ein Weg vorbei. Folgerichtig setzen zahlreiche große Unternehmen, seien es Shell, DaimlerChrysler, Siemens oder auch Bertelsmann, Issues Management bereits seit längerem ein. Von anderen ist bekannt, dass sie im Begriff sind, es einzuführen. Wie bei der Implementierung ähnlicher übergreifender Kommunikationskonzepte, etwa dem der Integrierten Kommunikation oder einer Dachmarkenstrategie, stellt sich dabei die Frage nach den Erfolgsfaktoren der Einführung. Wie baut man ein Issues-Management auf, das über das schöne Label hinaus merklich und dauerhaft zum (Kommunikations-)Erfolg beiträgt? Das Institut für Medien- und Kommunikationsmanagement an der Schweizer Universität St. Gallen ist dieser Frage im vergangenen Jahr in einer Studie unter zwölf führenden Unternehmen nachgegangen und fand heraus, dass es unter anderem die „Implementation eines unternehmensweit einheitlichen IT-Steuerungssystem" ist, die dem Issues-Management in der Organisation zum Durchbruch verhilft.

Die Bertelsmann AG beschloss Ende 2000, Issues-Management unternehmensweit als integrierte Management- und Kommunikationsfunktion einzuführen. Ziel war es, die Außendarstellung des stark dezentralisierten Unternehmens konsistenter zu gestalten sowie Corporate Brand und Reputation des Unternehmens durch geeignete Tools und Maßnahmen aktiv zu schützen. Schließlich stand die Unternehmenskommunikation zu diesem Zeitpunkt vor neuen Herausforderungen: Die globale Expansion des Unternehmens, das massive Engagement in Internetgeschäften und ein international präsenter CEO hatten zu einer deutlich stärkeren Exponiertheit des Unternehmens geführt. Zudem stellte das Internet erhöhte Anforderungen an Medienbeobachtung und Pressearbeit. Zahlreiche neue Medien und eine Berichterstattung rund um die Uhr machten eine zeitliche Straffung des Monitorings und eine schnellere Reaktion auf Anfragen erforderlich. Diese Herausforderungen sollten mit dem Bertelsmann-Issues-Management systematisch angegangen werden. Das System sollte von einem Corporate-Issues-Manager geleitet werden und drei Elemente umfassen. Erstens ein Mitarbeiternetzwerk aus allen Fach- und Unternehmensbereichen („Networker"): Anstatt neuen Overhead für das Issues-Management aufzubauen, sollten Mitarbeiter, die in ihrer täglichen Arbeit mit kommunikationsrelevanten Themen zu tun haben, miteinander vernetzt werden, bei der Identifikation neuer Issues helfen und in die Erstellung von Issue-Strategien und Positionspapieren einbezogen werden. Zweitens „Standard Operating Procedures": Systematische Abläufe sollten den koordinierten Umgang mit Issues sicherstellen. Und drittens – als zentrales Element und technologisches Rückgrat – eine geeignete Onlineplattform für unternehmensweites Issues-Management. Ein IT-Tool war also von Anfang an Bestandteil der Planung.

Sorgfältige Analyse als Grundlage

Die konkrete Ausgestaltung eines elektronischen Issues-Management-Tools muss sich individuell nach den Strukturen und Abläufen des Unternehmens richten, in denen es eingesetzt wird. Im ersten Planungsschritt erfolgte daher eine Analyse der Rahmenbedingungen bei Bertelsmann, um die Anforderungen an eine Issues-Management-Plattform zu spezifizieren. Die Untersuchung mündete in einen Kriterienkatalog, der ganz unterschiedliche Vorgaben umfasste: Die Issues-Management-Plattform sollte die dezentrale Struktur von Bertelsmann abbilden, um die Akzeptanz der Unternehmensbereiche und ein jeweils autonomes Management der Bereichs-Issues zu gewährleisten.

Sie sollte die Nutzer miteinander vernetzen und die Onlineverfügbarkeit von Dokumenten unterstützen, automatisch ein vollständiges und internationales Medien-Monitoring in den Sprachen Deutsch, Englisch, Französisch und Spanisch durchführen und durch intelligente Such- und Klassifizierungstechnologien eine frühzeitige Identifikation neu aufkommender Issues ermöglichen.

Grundsätzlich sollte eine individuelle und effiziente Beobachtung aller relevanten Themen möglich sein. Die Plattform sollte signalisieren, wenn ein zuvor definiertes Thema in den Medien eskaliert (Alerting), rund um die Uhr weltweit verfügbar und sicher gegen Zugriffe von außen sein sowie ein flexibles Rechtemanagement für unterschiedliche Anwenderrollen beinhalten. Und schließlich: Sie sollte so simpel wie möglich und so komplex wie nötig sein, um den Anforderungen der verschiedenen Nutzergruppen zu genügen. Eine Marktanalyse ergab, dass kein Produkt am Markt erhältlich war, das diese Anforderungen auch nur annähernd erfüllen würde.

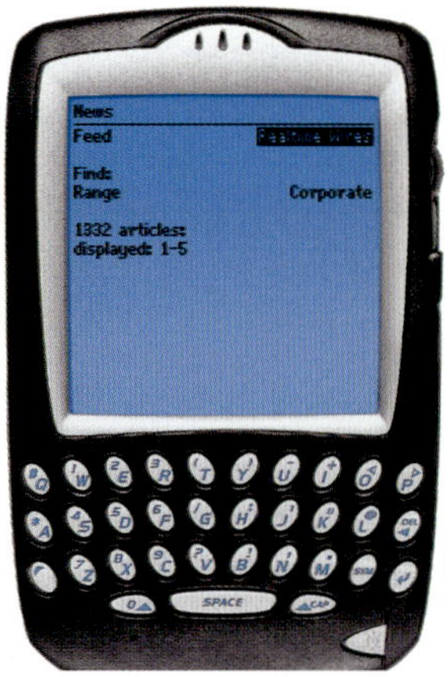

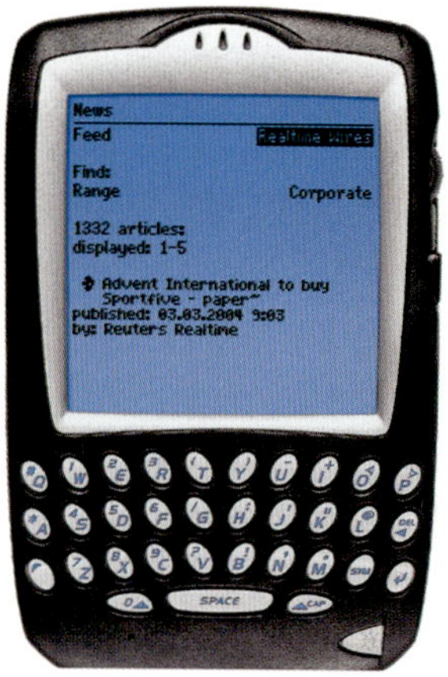

Da das Bertelsmann-Unternehmen arvato systems über langjährige Erfahrung im Aufbau komplexer IT-Plattformen verfügte und über eine Tochterfima auch eine geeignete Klassifikationssoftware für die automatische Früherkennung von Issues im Portfolio hatte, beschloss die Bertelsmann-Unternehmenskommunikation, in Kooperation mit arvato systems ein eigenes Onlinetool zu entwickeln: das IM-Net.

Information und Kommunikation als Schlüssel zum Erfolg

Neben den technischen Ansprüchen hatte die Analyse der Rahmenbedingungen auch gezeigt, dass die Einführung des IM-Net erhebliche Anforderungen an die Kommunikationsplanung stellen würde. Zum einen mussten die Mitarbeiter zur Nutzung motiviert werden – ein Kernproblem bei der Einführung jedes Projektes, das auf freiwilliger Kooperation der Nutzer basiert. Zum anderen ist das Prinzip Issues-Management erklärungsbedürftig: Der konkrete Nutzen

ist für die Beteiligten nicht sofort erkennbar, besonders nicht für Mitarbeiter, die zuvor nicht mit Kommunikationsaufgaben betraut waren. Darüber hinaus war vor allem auf Ebene der dezentralen Unternehmensbereiche Skepsis gegenüber einem System zur Früherkennung von Chancen und Risiken zu erwarten. Hier galt es, Misstrauen gegen ein „zentrales Überwachungssystem" oder eine „Problemmeldestelle" zu überwinden. Die Einführung des Onlinetools würde außerdem sorgfältige Schulung erfordern. Zur Einführung des IM-Net wurde deshalb ein mehrstufiges Kommunikations- und Trainingskonzept entworfen.

Zentrale IM-Schritte technologisch unterstützen

Die Leitidee der Anwendungsentwicklung war es, ein Tool zu schaffen, das wesentliche Prozessschritte des systematischen Issues-Managements abbildet und unterstützt, nämlich die Identifikation und das Monitoring von Themen sowie die Abstimmung und Bereitstellung von Issue-Strategien und Positionspapieren.

Für ein umfassendes Medien-Monitoring werden Nachrichten von sieben Zulieferern – insgesamt 11.000 Quellen von Nachrichtenagenturen, Syn-dikatoren und Online-anbietern – als XML-Feeds importiert und in einer Oracle-Datenbank gespeichert. Sie werden volltextindiziert, damit sie individuellen Themenfiltern zugeordnet und mit der Suchfunktion gefunden werden können. Die Nutzer können Filter mit einer Boole'schen Stichwortsuche einrichten, um auf einen Blick alle Artikel zu speziellen Themen zu erhalten. Das IM-Net unterstützt die Identifikation von Issues mit einer Klassifikationstechnologie, die Artikel automatisch in hierarchisch geordnete Themen einer Taxonomie sortiert. So können Issues entdeckt werden, die noch nicht mit Bertelsmann-Stichworten in Verbindung gebracht werden. Ein Klassifizierungsmodul wurde als „Black Box" in das IM-Net integriert, damit es problemlos durch ein anderes Produkt ersetzt werden kann. Diese Entscheidung trug der Dynamik im jungen Markt der intelligenten Klassifizierung Rechnung. Eine Alert-Funktion informiert automatisch, wenn ein zuvor definiertes Thema in den Medien eskaliert: Sobald Artikel in einem Filter einen bestimmten Schwellenwert überschreiten, sendet das

Einstiegsseite mit dem allgemeinen Bertelsmann-Monitoring.

IM-Net auf Wunsch eine E-Mail oder SMS an den Nutzer.

Damit die Mitarbeiter auch von unterwegs weltweit zu jeder Zeit auf Nachrichten, Themenfilter und Positionspapiere zugreifen können, wurde eine mobile Version des IM-Net für den RIM BlackBerry entwickelt. Mehrere Testuser begleiteten die Entwicklung des IM-Net. Ihre Verbesserungsvorschläge führten von Beginn an zur laufenden Anpassung des Tools.

Implementierung in drei Phasen

Das IM-Net ging im August 2002 online. Die unternehmensweite Einführung wurde auf Basis eines dreistufigen Kommunikations- und Trainingsplans umgesetzt. Mit Phase eins („Pre-Launch") begann im Juni 2002 die Vorbereitung der Einführung. In dieser Phase stand als Kommunikationsziel im Vordergrund, die wichtigsten Bertelsmann-Multiplikatoren frühzeitig in die Einführung einzubinden und so auf höchster Ebene Unterstützung für das IM-Net zu sichern. Den PR-Chefs der dezentralen Unternehmensbereiche wurde das IM-Net im Rahmen eines internationalen PR-Meetings präsentiert. Danach erhielten sie umfangreiche Informationsmaterialien, um ihre Mitarbeiter eigenständig und ohne weiteren Aufwand vorab über die Einführung des IM-Net informieren zu können.

Den Abteilungsleitern des Corporate Centers in Gütersloh und New York wurde das IM-Net ab Juli 2002 einzeln vorgestellt. Anschließend wurden sie gebeten, Mitarbeiter aus ihren Fachbereichen zu benennen, die als Networker fungieren sollten. Parallel dazu wurde unter Leitung eines Medienpädagogen ein umfangreiches Trainingskonzept zur Anwenderschulung des IM-Net erstellt. Für die vorgesehenen Einzelplatzschulungen wurden professionelle externe IT-Trainer rekrutiert. In Phase zwei („Roll-out") wurde das IM-Net einge-

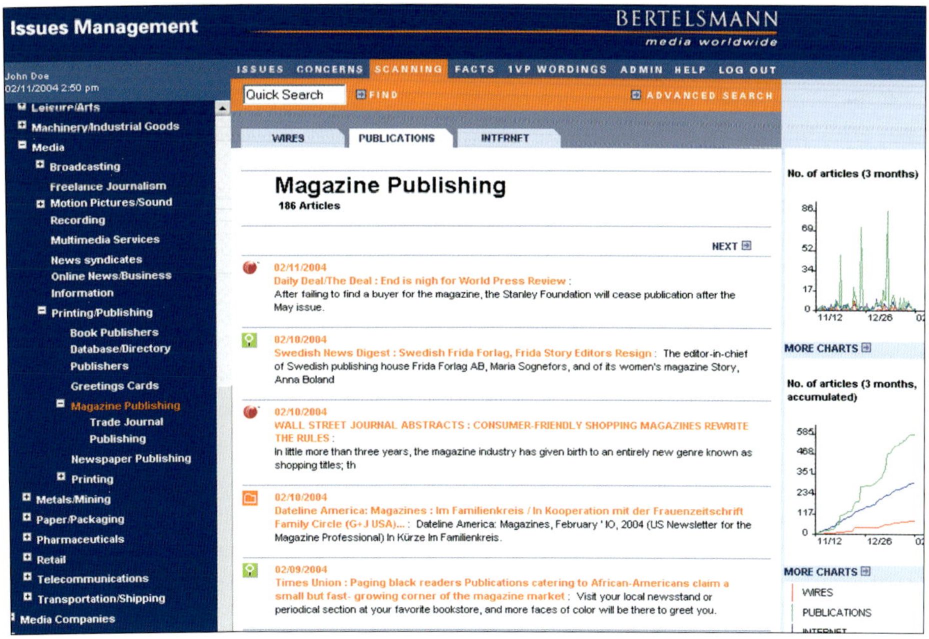

„Scanning"-Bereich mit der Klassifikationstechnologie.

führt. Von August bis Dezember 2002 wurde das unternehmensweite Netzwerk ausgewählter Nutzer geschult. Die Kommunikationsziele waren hier: Erstens das Prinzip „Issues-Management" erläutern und Unterstützung dafür gewinnen. Zweitens das IM-Net erklären und die Nutzer zur Anwendung des Tools befähigen. Drittens zur aktiven Nutzung des IM-Net motivieren, indem die individuellen Vorteile für den einzelnen Mitarbeiter herausgestellt werden. Beim ersten Termin führte der Corporate-Issues-Manager jeden Nutzer in die IM-Thematik ein, erläuterte Sinn und Zweck des IM für Bertelsmann sowie den konkreten Nutzen des IM-Net für die tägliche Arbeit des Mitarbeiters. Beim zweiten Termin wurde jeder Anwender am eigenen Arbeitsplatz von einem Trainer geschult. Innerhalb von maximal 90 Minuten erlernte der Mitarbeiter die Bedienung der grundlegenden Funktionen des IM-Net anhand praktischer Beispiele.

Nach der Schulung erhielt jeder Nutzer ein so genanntes „Networker-Pack" als Begleitkommunikation. Dieses Informationspaket enthielt ein individuelles Anschreiben, ein Benutzerhandbuch für das IM-Net, Hintergrundinformationen über Issues-Management, einen Katalog mit den wichtigsten Fragen und Antworten zum IM-Net sowie ein „Concept on a Card" mit schematischer Darstellung des Issues-Management-Prozesses.

Nach den Schulungen wurden die Anwender telefonisch nachbetreut, um in der täglichen Nutzung eventuell auftretende Fragen zu klären. In den Bertelsmann-Unternehmensbereichen wurde dieses Konzept ab September 2002 analog schrittweise umgesetzt. An Stelle des Corporate-Issues-Managers leiteten in den Bereichen die jeweiligen PR-Chefs den Einführungsprozess, um das Prinzip der Dezentralität zu wahren.

In der noch laufenden Phase drei („Folgekommunikation") ist es seit Anfang 2003

Ziel, die Nutzung des IM-Net weiter zu steigern, die inhaltliche Früherkennung von Issues durch die Anwender anzuregen und über Erweiterungen des IM-Net und neue Inhalte zu informieren. Die Nutzer erhalten regelmäßig einen E-Mail-Newsletter, der über neue Positionspapiere, Erweiterungen oder Modifikationen des IM-Net und allgemeine Neuigkeiten zum IM informiert.

Evaluation ist ein Muss

Was jedes PR-Lehrbuch predigt, wird in der Praxis noch immer erstaunlich oft vernachlässigt: Auf die professionelle Durchführung eines PR-Konzeptes muss eine Erfolgskontrolle folgen. Zurück also zur Eingangsfrage: Hat Bertelsmann ein Issues-Management aufgebaut, das über das schöne Label hinaus merklich und dauerhaft zum (Kommunikations-)Erfolg beiträgt?

Ein wichtiger Beleg für den Projekterfolg ist zunächst die aktive Nutzung des IM-Net. Heute greifen rund 100 Bertelsmann-Mitarbeiter aus allen Fachbereichen regelmäßig auf das IM-Net zu. Die Pressestellen der Bertelsmann AG und ihrer Bereiche erzielen durch das IM-Net erhebliche Effizienzsteigerungen beim Monitoring. Früher griffen die Pressesprecher für die zeitnahe Information der Führungskräfte auf verschiedene Systeme zu – unter anderem auf verschiedene Agenturdienste und diverse Websites. Heute stellt das IM-Net alle verfügbaren Quellen auf einer Plattform dar und spart somit beim Monitoring bis zu 30 Prozent Zeit. Hinzu kommt eine deutlich höhere Ausschöpfungsquote: Viele der heute automatisch gefundenen Artikel stammen aus Quellen, die früher überhaupt nicht zugänglich waren oder übersehen wurden. Heute wird ein beträchtlicher Teil der täglichen Bertelsmann-Presse-Clippings aus dem IM-Net zusammengestellt. Das System ergänzt und ersetzt damit zunehmend den personalaufwendigen manuellen Ausschnittdienst.

Allein auf Corporate-Ebene wurden mit Unterstützung des IM-Net bisher zahlreiche Issues proaktiv bearbeitet. Insbesondere durch das automatische Monitoring und die Onlineverfügbarkeit von Positionspapieren trug das IM-Net merklich zur Systematisierung des Themenmanagements und zur Einhaltung der Bertelsmann-One-Voice-Policy, einer Richtlinie für öffentliche Äußerungen des Unternehmens, bei. Die Networker aus den Fachabteilungen bei Bertelsmann Corporate berichten, durch das IM-Net besser und schneller über Bertelsmann-Themen informiert zu sein. Insgesamt haben die Benutzer rund 240 individuelle Themenfilter eingerichtet. Das IM-Net fördert vielfach die Vernetzung von Nutzern mit ähnlichen Interessen.

Das IM-Net ist auch auf Ebene der Unternehmensbereiche erfolgreich. Die PR-Chefs haben eigene dezentrale Netzwerke aufgebaut, die jeweils aus bis zu 20 Nutzern bestehen. Neben dem Scanning, Monitoring und Dokumentenmanagement nutzen die Bereiche die Onlineplattform regelmäßig für Medienresonanzanalysen und Recherchen.

Bereits in der Einführungsphase wurde nach den Trainings der Nutzer eine anonyme schriftliche Kurzbefragung durchgeführt. Diese zeigte eine insgesamt sehr hohe Akzeptanz des Systems: Alle Befragten gaben an, dass sie sich gut oder sehr gut über die Einführung des IM-Net informiert fühlten, und bescheinigten den Trainings einen hohen Lernerfolg. Die Bedienbarkeit der Plattform wurde als sehr gut bewertet. Die große Mehrheit der Befragten fand Issues-Management sinnvoll.

Eine umfassendere Evaluation von Akzeptanz und Wertschöpfung des Systems erfolgte nach einjähriger Laufzeit im August 2003 durch eine erneute Befragung aller Nutzer. Für das frühzeitige Erkennen von Chancen und Risiken wurde das System als „nützlich" bis „sehr nützlich" eingestuft, mit einer weit überwiegend äußerst positiven Einschätzung durch PR-Mitarbeiter. 90 Prozent der PR-Fachleute im Unternehmen nutzen das IM-Net mindestens einmal pro Woche, 50 Prozent täglich. Besonders geschätzt werden die Möglichkeiten, Informationsangebot, Informationssuche und Monitoring an die individuellen Aufgabenstellungen und Interessen anzupassen. Bei den konkreten Vorteilen in der praktischen Arbeit mit dem IM-Net stehen ein allgemeiner Informationsvorsprung, die Möglichkeit des systematischen Monitorings und die generelle Verbesserung der Arbeitseffizienz im Vordergrund.

Teil der Evaluation war auch eine erneute Präsentation des Projektes im Vorstand der Bertelsmann AG. Dort wurde beschlossen, das IM-Net zur zentralen Plattform für Kommunikationsfachleute bei Bertelsmann auszubauen und den Nutzerkreis selektiv zu erweitern. <

Commerzbank AG

Issues- und Reputationsmanagement

Das Commerzbank-Ideenlabor

Von Thomas Henrich

ISSUES MANAGEMENT

> Nach Emissionshype und Börsentalfahrt Anfang des Jahrtausends entdeckten die Banken in Deutschland den Privatkunden neu. Doch die Kreditinstitute mussten bald feststellen, dass sich dieser in den Jahren des schnellen und schnell verlorenen Geldes ein ausgeprägtes Misstrauen gegenüber den Beratern in den Banken zugelegt hatte: Der private Anleger sah in ihnen nicht mehr den Fachmann in Gelddingen, sondern den Verkäufer unseriöser Hoffnungen. Und er fühlte sich allein gelassen in einer immer komplexer werdenden Finanzwelt.

Dem Vertrauensverlust begegnete die Commerzbank Anfang 2003 mit einer strategischen Neuausrichtung. Das Ziel: Mittelfristig sollte sich der Privatkundensektor als „beste Wahl für Menschen" positionieren, „die ihre finanziellen Chancen erfolgreich nutzen wollen". Als einen zentralen, von den Mitbewerbern unterscheidbaren Markenwert definierte das Unternehmen dabei „Verständnis": Die Commerzbank soll als ein Finanzdienstleister wahrgenommen werden, der die individuellen finanziellen Bedürfnisse und Problemlagen der Menschen versteht und seine Kunden deshalb bedarfsgerecht berät.

Das Markenversprechen „Verständnis" erlebt der Kunde zuallererst im persönlichen Gespräch in der Filiale. Doch wie lässt sich dieses Attribut Menschen näher bringen, die keinen solchen unmittelbaren Kontakt zur Marke Commerzbank haben? Schließlich soll die Positionierung bereits bei der Auswahl eines neuen Bankpartners zum Tragen kommen und helfen, neue Kunden zu gewinnen.

Die Möglichkeiten, dieses Ziel durch Werbebotschaften zu erreichen, waren begrenzt. Taten mussten folgen, die das Markenversprechen „Verständnis" glaubhaft belegten und die Bank dicht an die Bedürfnisse der Menschen heranführten. Das war auch die Antwort, die das Konzept der begleitenden Agentur SWK Semnar & Wolf Kommunikation GmbH aufzeigte: „Nehmt die Verunsicherung bei den Kunden ernst und übernehmt die gesellschaftliche Verantwortung, hiergegen etwas zu tun." Das geeignete Wirkungsfeld für die Commerzbank ergab sich aus der Erfahrung der Filia-

DIE AUFGABEN DES COMMERZBANK-IDEENLABORS

- **Die mangelnde finanzielle Allgemeinbildung belegen und auf deren negative Folgen öffentlich aufmerksam machen.**
- **Sich durch Veröffentlichung eigener Lösungs- und Handlungsansätze den Ruf eines kompetenten und glaubwürdigen Förderers der finanziellen Allgemeinbildung erwerben.**
- **Durch Handlungsappelle an Entscheidungsträger in Politik und Gesellschaft bzw. deren Einbindung in Initiativen des Ideenlabors die hohe gesellschaftliche Relevanz des Themas unterstreichen.**
- **Material für praktische Hilfen im Beratungsgeschäft entwickeln.**

DIE VIER STUFEN DER IDEENLABORKAMPAGNE

Die Kampagne entfaltete ihre Wirkung bisher durch vier aufeinander aufbauende Stufen.

1. Stufe: Bestandsaufnahme

Die bevölkerungsrepräsentative Studie „Finanzielle Allgemeinbildung in Deutschland" von NFO Infratest im Auftrag des Commerzbank-Ideenlabors belegt die Hypothese von der mangelnden finanziellen Allgemeinbildung. Die Ergebnisse wurden im Juni 2003 vom Commerzbank-Ideenlabor vorgestellt und kommentiert. Eine Reihe von Sonderauswertungen und Ergänzungsstudien konnte der Basisstudie über neun Monate immer neue Aktualität verleihen:

- August 2003: Sonderauswertung „Finanzwissen von Frauen"
- Oktober 2003: Sonderauswertung „Finanzwissen in den Neuen Bundesländern"
- Januar 2004: Ergänzungsstudie „Finanzwissen von Wirtschaftsstudenten"

2. Stufe: Ursachenforschung

Die qualitative und quantitative Doppelstudie „Die Psychologie des Geldes" (qualitative Vorstudie im März 2004/repräsentative Folgestudie im September 2004) beleuchtete die psychischen Hemmschwellen, die zur mangelnden Beschäftigung mit Finanzthemen und somit zu Wissensdefiziten führen. Außerdem wurden acht verschiedene Einstellungsmuster identifiziert.

3. Stufe: Lösungsansätze und Handlungsappell

In seinem Memorandum vom November 2003 appellierte das Commerzbank-Ideenlabor an alle Bildungsverantwortlichen in Deutschland, Maßnahmen zur Verbesserung des Finanzwissens zu ergreifen. Als ersten Schritt dazu schlug es die gemeinsame Entwicklung eines „Kanons der finanziellen Allgemeinbildung" vor, der das heute für jeden Bürger unverzichtbare finanzielle Grundwissen auflistet und somit als inhaltliche Basis für die Ausarbeitung zielgruppengerechter Bildungsangebote dienen kann. Zusammen mit weiteren Experten erarbeitete das Ideenlabor in der Folgezeit einen solchen Kanon und stellte ihn im Juni 2004 in Berlin der Öffentlichkeit vor.

Den Höhepunkt und Abschluss der direkten Kommunikation mit Meinungsführern und Fachöffentlichkeit bildete das Berliner Symposium „Finanzielle Allgemeinbildung in Deutschland" unter der Schirmherrschaft von Bundeswirtschaftsminister Wolfgang Clement: Im September 2004 diskutierten rund 100 Experten und Meinungsbildner aus Politik, Wirtschaft, Wissenschaft und Verbraucherberatung das Problem und den vom Commerzbank-Ideenlabor vorgelegten Kanon.

4. Stufe: Kundenansprache

Seit dem Berliner Symposium werden die Erkenntnisse und Lösungsansätze des Ideenlabors in zielgruppengerechte Maßnahmen zur Kundenansprache umgesetzt:

- September 2004: Selbsttest zur Bestimmung des eigenen Geldtyps auf der Website www.commerzbanking.de. Auf diesen Typentest verlinkten zahlreiche hochkarätige Onlinemedien. Gleichzeitig war er Grundlage verschiedener Medienkooperationen (zum Beispiel mit HÖRZU, BILD und spiegel.de).
- Februar 2005: Achtteilige Serie „Geldakademie" des Finanzmagazins „Börse Online". Diese bereitete die Inhalte des Kanons verbrauchergerecht auf. Alle Teile wurden im März 2005 zu einem Sonderdruck zusammengefasst.
- April 2005: Buch-Ratgeber „Kompass Geldanlage". Mitautorin ist das Ideenlabormitglied Dr. Christine Bortenlänger. Wirtschaftsminister Wolfgang Clement verfasste ein Grußwort.
- Daneben sorgen Pilotprojekte der „Public Private Partnership" dafür, dass die Commerzbank bei Meinungsführern und in der Fachöffentlichkeit weiterhin als zentraler Akteur im Thema „finanzielle Allgemeinbildung" wahrgenommen wird: seit Oktober 2004 die Entwicklung von Unterrichtseinheiten für die allgemein bildenden Schulen auf Basis des Kanons und in Zusammenarbeit mit dem Landesinstitut für Schulentwicklung Baden-Württembergs. Und seit April 2005 ein Pilotprojekt im Berliner Bezirk Charlottenburg-Wilmersdorf zur Schuldenprävention bei Jugendlichen.

len: Die Notwendigkeit, sich mehr um ihre Finanzen kümmern zu müssen, ist den Menschen bewusst. Doch mit der überbordenden Menge an Informationen kommen die meisten nicht zurecht. Denn ihnen fehlt das nötige Rüstzeug: eine fundierte finanzielle Allgemeinbildung. Damit war ein Thema gefunden, das entscheidende Kriterien erfüllte:

- aktuell und relevant: Die nachlassende Leistungskraft der Sozialsysteme verlangt den Deutschen immer mehr Eigenverantwortung bei der Sicherung ihres materiellen Wohlstandes ab. Mangelnde Grundkenntnisse in Finanzfragen können daher für den Einzelnen und für die Gesellschaft erhebliche negative Folgen haben.
- passgenau: Auf Grund seiner Nähe zu den Kernkompetenzen der Bank bot sich die Chance, das Thema kompetent und glaubwürdig zu bearbeiten sowie nachhaltig für die Bank zu besetzen.
- noch nicht besetzt: Kein anderer gesellschaftlicher Akteur hatte das Thema bislang systematisch bearbeitet.

Aber macht man nicht den Bock zum Gärtner, wenn der vermeintliche Nutznießer verunsicherter Kunden sich um deren Aufklärung zu kümmern hat? Die Antwort eines Bankers ist ein klares „Nein", denn eine Bank profitiert eher vom gut informierten, aktiven Kunden als vom Geld in der Matratze. Aber das ist nur die Innensicht. Von außen betrachtet, bleibt die Bank eine Bank – und ihr wird nicht die nötige Neutralität zugemessen, sich objektiv um die finanzielle Bildung der Bevölkerung zu kümmern. Und noch wichtiger: Die Bank verfügt nicht über die notwendige Expertise, um sich glaubwürdig den pädagogischen, soziologischen und psychologischen Details des Themas zu widmen. Daher wurde eine neutrale Instanz ins Leben gerufen – das „Commerzbank-Ideenlabor." Es dient als Forschungs- und Kommunikationsplattform, der fünf unabhängige Experten aus Wissenschaft und Wirtschaft sowie der Vorstand des Privatkundenbereichs der Commerzbank angehören.

Was wurde bisher erreicht? Eine Evaluation der Medienresonanz durch die Landau Media AG sowie eine Reihe weiterer quantitativer und qualitativer Belege zeigen, dass das Thema „finanzielle Allgemeinbildung" nachhaltig durch die Commerzbank besetzt wurde. Der Tenor der Veröffentlichungen – im Sinne der angestrebten Reputationssteigerung für die Commerzbank – war zu 93 Prozent positiv. Hinsichtlich der strategischen Themensetzung konnte sogar eine nahezu 100-prozentige Zielerreichung festgestellt werden. Dabei lag der Schwerpunkt der Veröffentlichungen wie geplant in überregionalen, meinungsbildenden Leitmedien und reichweitenstarken Publikumszeitschriften. Die in den Pressetexten und Statements der Ideenlaborexperten gesetzten Botschaften fanden in hohem Maße Eingang in die Medienberichterstattung Die Commerzbank wurde als entscheidender Akteur zum Thema „finanzielle Allgemeinbildung" platziert: In 91 Prozent der Meldungen hatte sie eine Alleinstellung. Aktuelle Berichterstattung fand im ARD-„Mittagsmagazin" ebenso statt wie in „WISO" (ZDF) und „Börse im Ersten" (ARD).

Obwohl der Kanon des Ideenlabors sich in erster Linie an die Fachöffentlichkeit richtete, wurde er auch von Endverbrauchern stark nachgefragt. Er musste mehrfach nachgedruckt werden und erreichte zuletzt eine Gesamtauflage von über 20.000 Exemplaren. Gleichzeitig wurde der Kanon von Bildungsverantwortlichen als wichtige Grundlage zur Vermittlung von Finanzwissen akzeptiert.

Das Beispiel zeigt, wie ein gesellschaftlich relevantes Thema von einem Marktteilnehmer durch Mittel der Öffentlichkeitsarbeit breite Resonanz bekommen kann und sich

80% der Befragten fühlen sich in Finanzfragen sicher, aber 42% können nicht einmal die Hälfte der Fragen richtig beantworten.

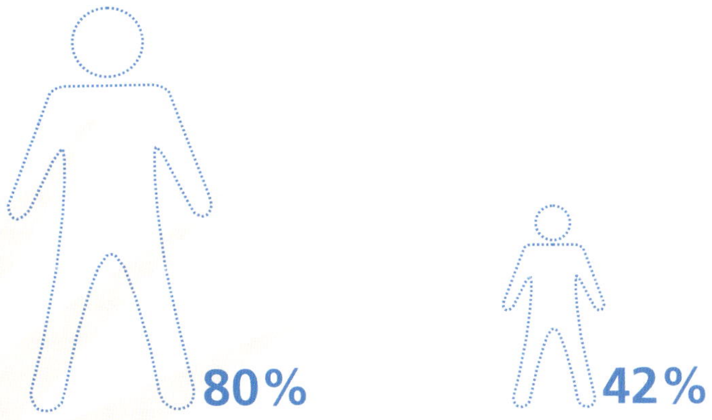

„Fühle mich in Finanzfragen sicher / einigermaßen sicher"

„weniger als 50% richtige Antworten"

Studie: Finanzielle Allgemeinbildung in Deutschland / Commerzbank / Infratest / Juni 2003 Quelle: Commerzbank

mit dem Treiber positiv verbindet. Die Ziele der ersten Kampagnenphase – der Commerzbank kontinuierliche, positive Medienpräsenz im Themenfeld „private Finanzen" zu verschaffen und das Thema „finanzielle Allgemeinbildung" für die Bank zu „claimen" – wurden in vollem Umfang erreicht. Die zweite Phase ist noch nicht abgeschlossen, doch ist ein wichtiges strategisches Ziel auch hier bereits erreicht: In der Zielgruppe „(potenzielle) Kunden" lässt sich ein wachsendes Bewusstsein für die Wichtigkeit finanzieller Allgemeinbildung für den eigenen Beratungsbedarf feststellen. Die Commerzbank wird von der Zielgruppe zunehmend als Akteur wahrgenommen, der diesen Beratungsbedarf kompetent und zuverlässig decken kann.

Das Thema „finanzielle Allgemeinbildung" zieht indes weite Kreise: Im Verbraucherministerium (BMVEL) gibt es ein Referat, das sich darum kümmert; die Deutsche Bank hat jüngst angekündigt, sich im nächsten Jahr hier stärker zu engagieren, und die Dresdner Bank stimmt in den Chor ein, indem sie nun auch ein „Schulfach Wirtschaft" fordert. Die Positionierungsdimension „Verständnis" der Commerzbank wurde im Tenor der öffentlichen Meinung greifbar: „Endlich kümmert sich jemand um dieses wichtige Thema und bietet überzeugende Lösungsansätze". <

SAP AG

TOP INFORMIERT MIT DEM „SAP EARLY BIRD"

Globale Kommunikation in **Echtzeit**

VON HERBERT HEITMANN

MITARBEITERKOMMUNIKATION

> Die Unternehmenskommunikation von SAP, dem weltgrößten Anbieter von Geschäftssoftware, stand vor einer typischen Herausforderung: Wie kann die internationale Führungsriege eines globalen Konzerns kurz und möglichst zeitnah über die veröffentlichte Meinung zum Unternehmen sowie News aus dem Markt informiert werden? Gemeinsam mit der Agentur Burson-Marsteller wurde etwas entwickelt, was im ersten Schritt wie ein Klassiker anmutet: ein Newsletter. Dieser allerdings weist einige Besonderheiten auf: Ein globales Redaktionsteam, transatlantische Themenkonferenzen, die elektronische Verteilung auf PC und Blackberry im 24-Stunden-Takt sowie ein Alert-System machen den „SAP Early Bird" zu einem ganz besonderen Kommunikationsinstrument.

Der Beitrag in China Daily über die lokalen Entwicklungspläne von SAP, die von Reuters verbreitete Aussage eines Konkurrenten über seine angebliche Marktführerschaft in den USA, die neuesten Beurteilungen von Finanz- und Industrieanalysten zur eigenen Performance – „News travel fast" in Zeiten des Internets und machen vor Landes- und Zeitgrenzen schon lange nicht mehr Halt. Und während die Kollegen in den USA schlafen und in Walldorf gerade der Tag beginnt, werden die Kollegen in Asien bereits mit Medienanfragen bombardiert. Dabei sind es natürlich gerade die kritischen Berichte, die in Windeseile um den Globus gehen, und nicht selten wird heute ein Manager oder Unternehmenssprecher mit Nachrichten aus einem anderen Teil der Welt konfrontiert und muss umgehend darauf reagieren.

Interne Kommunikation auf globaler Ebene

Sicher kein SAP-spezifisches Problem: Führungskräfte, die weit reichende Entscheidungen treffen, müssen jederzeit über die aktuelle Nachrichtenlage informiert sein. Sitzen sie in Deutschland, erhalten sie üblicherweise die Kommentare aus den international führenden Tages- und Wirtschaftsmedien. Aber wie zeitnah erfahren sie, was in der australischen Business Review Weekly oder der koreanischen Economy Plus steht und unter Umständen erheblichen Einfluss auf den Börsenkurs, auf Kundenbeziehungen oder das Neugeschäft haben kann? Produktmanager auf Redaktionstour sollten mindestens zur gleichen Zeit wie der Journalist wissen, was die Konkurrenz gerade angekündigt hat und ob sich ein namhafter Kunde kritisch oder positiv zum Produkt äußert.

Wie kann ein Unternehmen sicherstellen, dass alle Führungskräfte jederzeit über die relevante Berichterstattung informiert sind und nicht von Externen mit News konfrontiert oder gar überrumpelt werden? Natürlich erhalten alle Führungskräfte den tagesaktuellen „SAP Press Digest", der dann komplette Berichte enthält, aber auf Grund des PDF-Formats nur über einen PC abrufbar ist – und er liegt dann auch nur in der jeweiligen Originalsprache vor. Keine Chance für Kollegen aus den USA, aus Asien oder dem Rest Europas, etwa das Interview mit Henning Kagermann im Handelsblatt zu lesen. Hier wollte SAP besser werden: Transparenz, Informationen in Echtzeit und Effizienz sind wesentliche Aspekte, die SAP für Geschäftsprozesse und den nachhaltigen Wirtschaftserfolg seiner Kunden propagiert. Transparenz, Echtzeit und Effizienz sollen daher auch die SAP-Unternehmenskommunikation prägen. Immerhin ist der internationale Erfolg von SAP, speziell in den letzten Jahren, nicht nur in herausragenden Produkten, Know-how und Topberatung begründet, sondern auch in dem systematischen kommunikativen Ausbau der Marke. Nicht ohne Erfolg, wie etwa das aktuelle Medienranking der Zeitschrift Capital erst Anfang Oktober 2005 attestierte: SAP belegt in Deutschland nach Porsche den zweiten Rang unter den „Helden der Schlagzeile".

Aber Deutschland allein reicht nicht aus. Wie der Name sagt, ist SAP Global Communications konsequent international ausgerichtet. Die zentralen Netzwerkknoten bilden Walldorf, Kalifornien und Pennsylvania in den USA sowie „Hubs" für Asien in Singapur und für Lateinamerika in Miami. Die international besetzten Abteilungen für Public Relations, Investor-Relations, interne Kommunikation, Public Affairs und für die Kommunikation mit Industrieanalysten arbeiten eng verzahnt und versorgen das globale Netz aus PR- und Agenturkollegen in rund 44 Ländern kontinuierlich mit globalen Kommunikationszielen und -kampagnen, Botschaften, Meldungen, Statements und vielem mehr. So werden die SAP-Kampagnen auch in den letzten Winkel der Erde getragen und dort umgesetzt. Nur für die schnelle Resonanzanalyse, die tagesaktuelle Ad-hoc-Information über die veröffentlichte Meinung fehlte das geeignete globale Instrument. Auch ein Frühwarnsystem für tatsächliche oder vermeintliche Krisenfälle oder sonstige unternehmensrelevante Ereignisse war auf globaler Ebene noch nicht installiert.

Idee und Pflichtenheft

Zusammen mit Burson-Marsteller wurden die ersten Ziele und Ideen skizziert, um Abhilfe zu schaffen. Dabei wurden schnell einige zentrale Anforderungen klar:

- Information ist alles. Der geplante „Newsletter" sollte täglich in hoher redaktioneller Qualität und ungefiltert einen Überblick über die Berichterstattung zum eigenen Unternehmen, zum Wettbewerb und zum Markt bieten.
- Aktualität ist Trumpf. Aber gerade Aktualität ist für ein globales Unternehmen eine relative Größe – erscheint der Newsletter morgens europäischer Zeit, macht das Business in Asien schon beinahe Feierabend. Das Gleiche gilt für den Blick aus den USA nach Europa.
- Kurz und knapp ist Pflicht. SAP-Executives reisen sehr viel und stehen häufig unter Zeitdruck – Informationen müssen entsprechend aufbereitet werden. Daher war klar: Alle wichtigen Informationen – es sind rund 20 bis 30 täglich – müssen zwar umfassend, aber auch kurz und knapp wiedergegeben sein.
- Die Zielgruppe ist heterogen. Alle Businessmanager von SAP sollten den gleichen aktuellen Stand der Informationen erhalten. „Alle" bezieht sich auf eine multikulturelle Führungscrew in inzwischen über 50 Ländern. Diese Anforderung war noch am einfachsten zu lösen: Die Informationen müssen in englischer Sprache publiziert werden.
- Mobilität zählt. Ein Newsletter sollte als Push-Medium für unterschiedliche Kanäle geeignet sein. Ein Pull-Angebot wie etwa ein Intranetportal wäre nicht flexibel genug. Die Lösung: Der Newsletter wird in drei Formaten gleichzeitig versandt – als Word-, PDF- und kurz gefasstes Blackberry-Dokument.

Mit diesen Vorgaben wurde die konzeptionelle Grundlage für den „SAP Early Bird" geschaffen, der jetzt bereits im dritten Jahr

EARLY BIRD

werktäglich erscheint – und eine hochzufriedene Zielgruppe von inzwischen über 1.000 SAP-Executives erreicht. Burson-Marsteller entwickelte einen redaktionellen Prozess, der die Vorzüge einer globalen Agenturpräsenz nutzt und so einen Aktualitätsvorsprung bietet, der sonst nur von Nachrichtenagenturen oder Tageszeitungen mit einem eigenen Korrespondentennetzwerk erreicht wird.

Kein Monitoring-Tool

Im Agenturnetzwerk wurde ein weltweiter 24-Stunden-Nachrichtenservice aufgesetzt, mit „Redaktionen" in San Francisco, Frankfurt und Singapur, die in kontinuierlichem Dialog stehen: Singapur trägt die ersten Nachrichten des Tages zusammen, Frankfurt und San Francisco ergänzen im Stundentakt. Dieser redaktionelle Ablauf nach dem „Follow-the-Sun-Prinzip" nutzt die Zeitverschiebung zu Gunsten einer aktuellen Berichterstattung. Redaktionskonferenzen zur inhaltlichen Abstimmung finden täglich per Telefon statt. Die Nachrichten setzen sich zusammen aus einer Übersicht über die SAP-Pressemitteilungen und die des Wettbewerbs am jeweiligen Tag, vor allem aber aus Zusammenfassungen der internationalen Medienberichte über SAP, die Konkurrenz und den Markt, Veröffentlichungen internationaler Industrie- und Finanzanalysten sowie aktuellen Börsenschlusskursen und relevanten Neuigkeiten aus der Politik. Die Rubrik Industrie- und Finanzanalysten war am Anfang im „Bird" noch nicht vertreten, gehört aber inzwischen zu den am meisten beachteten.

Nach einer mehrwöchigen Testphase umfasste die damals anvisierte Zielgruppe 200 Leser: die Mitglieder aus den globalen Managementteams und den Vorstand. Heute sind es, wie erwähnt, über 1.000 Entscheider und Kommunikationsmitarbeiter, von denen über 70 Prozent den Early Bird täglich, alle anderen regelmäßig durcharbeiten. Der Nutzen, so eine kürzliche Leserumfrage, wird durchweg als „hoch" und „wichtig für die eigene Arbeit" eingestuft. Die Aktualität ist neben der schnellen, kurzen Information das große Plus. Übrigens finden die Inhalte des „Bird" inzwischen eine interessante Zweitverwertung bei der Erstellung von Briefing-Books für Interviews und Veranstaltungen, in der Vertriebskommunikation oder bei der Erstellung von Fachartikeln – was auch ein Resultat der hohen Textqualität ist.

Eines ist der Early Bird keinesfalls: ein Monitoring-Tool. Ist eine Nachricht einmal erschienen, wird sie nicht nochmals aufgegriffen, es sei denn, die Berichterstattung hat sich in der Tendenz wesentlich verändert. Gerade diesen Anspruch permanent durchzusetzen ist kein einfacher und ein konstanter Prozess. Natürlich möchten die Kollegen im Bereich Kommunikation dem Management das Ergebnis und den Wert ihrer Arbeit zeigen, speziell, wenn nach einer Serie von Interviews die entsprechenden „Abdrucke" erscheinen. Aber dafür existieren andere Instrumente – die allerdings seit der Präsenz des Early Bird nicht mehr so starke und regelmäßige Beachtung finden.

Und noch etwas ist nie im Early Bird zu finden: Kommentierungen. Ein oftmals schmerzhafter Aspekt des Konzeptes, denn bei kritischen Berichten laufen die Telefone in der Presseabteilung schon einmal heiß, weil Kollegen und Führungskräfte wissen wollen, was „dagegen" getan wird. Aber die Early-Bird-Redaktion hat die klare Vorgabe der Objektivität und Unabhängigkeit – es wird „gnadenlos" berichtet, was in der Öffentlichkeit zu lesen ist, ohne Zensur oder Kommentar. Daraus hat sich ungewollt auch eine gewisse Aufklärungsfunktion ergeben: Erstens sehen Kollegen, wie bestimmte Themen vom Vorstand kommentiert werden, und können die Botschaftsinhalte übernehmen, ohne dass für jedes Thema umfangreiche Messaging-Dokumente erarbeitet werden müssen, gerade wenn es um Randthemen geht. Zweitens werden die Nuancen in der Berichterstattung besser verstanden – was ist journalistisch kritisch und pointiert, und was ist wirklich negativ oder sogar falsch und bedarf einer Reaktion? Nicht zuletzt dienen die „Bird-News" auch der Identifizierung wichtiger Trends und Topics in den Medien und in den verschiedenen Weltregionen und geben so zusätzliche Impulse für den Dialog mit der interessierten Öffentlichkeit.

Globales Frühwarnsystem

Mittlerweile hat sich um dieses Kommunikationsinstrument eine gesamte Prozesskette entwickelt: Neben den täglichen Redaktionskonferenzen findet jeden Tag auch eine kurze Telefonkonferenz der Kollegen statt, die in kontinuierlichem Medienkontakt stehen. In üblicherweise nicht mehr als 15 Minuten wird zwischen den Kontinenten abgestimmt, ob und in welcher Form auf Berichte reagiert werden muss, für welche Themen, insbesondere kritische, Stellungnahmen erarbeitet und verbreitet werden müssen sowie welche Pressemeldungen und Interviews am kommenden Tag anstehen.

Übernahmeankündigungen oder, etwas seltener, die unerwartete Demission eines weltweit bekannten CEOs – die IT-Branche ist nicht gerade arm an Nachrichten, zu

Ein ganz normaler Tag – Redaktioneller Ablauf für den SAP Early Bird

10:00 Uhr Singapur, 3:00 Uhr Frankfurt, 21:00 Uhr New York, 18:00 Uhr San Francisco:
Erster Überblick über die Berichterstattung in Asien; Versand des SAP Early Bird an den weltweiten Verteiler.

15:00 Uhr Singapur, 8:00 Uhr Frankfurt, 2:00 Uhr New York, 23:00 Uhr San Francisco:
Der Tag beginnt in Europa: Nachrichtenübermittlung aus Asien, Ergänzung um Berichte des Tages in Europa, Erstellung der ersten Fassung für den kommenden Tag.

22:00 Uhr Singapur, 15:00 Uhr Frankfurt, 9:00 Uhr New York, 6:00 Uhr San Francisco:
Tag beginnt in den USA, Telefonkonferenz der Presseverantwortlichen: Besprechung der Nachrichtenlage und Ausblick auf wichtige News und Veranstaltungen.

1:00 Uhr Singapur, 18:00 Uhr Frankfurt, 12:00 Uhr New York, 9:00 Uhr San Francisco:
Redaktionskonferenz: die erste Early-Bird-Fassung wird an San Francisco übergeben und um die Berichte des Tages in Amerika ergänzt.

denen SAP dann umgehend um eine Meinung befragt wird – abgesehen davon, dass sie von hoher Relevanz für die Unternehmensstrategie sein können. Hier informiert der Early Bird wirklich in Echtzeit: Sobald die News irgendwo in den Nachrichtendiensten auftauchen, gehen sie bei SAP als „Breaking News" um die Welt, üblicherweise nicht mehr als jeweils ein Dreizeiler. Aber diese Form der Kommunikation gilt den Ausnahmefällen und findet kaum häufiger als viermal im Jahr statt – erfordert jedoch ein konstantes Monitoring des Redaktionsteams rund um den Globus.

Für die Krisenfälle oder solche, die es werden könnten, existiert darüber hinaus ein „Red-Flag"-System: Kritische Stellungnahmen von Kunden, Analysten, Partnern oder der Konkurrenz werden nicht zurückgehalten, sie kommen ungeschönt in den Early Bird. Wenn es aber „heiß" werden könnte und eine wirklich schnelle Reaktion gefragt ist, erhält das Kommunikationsteam vorab und schnellstmöglich die kompletten Berichte. So können umgehend Medien kontaktiert oder Statements entwickelt werden, die dann allen Kollegen rund um den Globus zur Verfügung gestellt werden, damit aus dem Red Flag hoffentlich kein Red Alert wird. Dieser Red-Flag-Prozess hat sich bewährt und die Informationsqualität und -geschwindigkeit weltweit erhöht. Egal, in welcher Ecke der Welt die Kollegen ins Büro kommen, der SAP Early Bird ist schon da und sorgt für mehr Effizienz und weniger Überraschungen. <

Roche Diagnostics GmbH

Den Veränderungsprozess gestalten

„Erkennen, Verstehen, Umsetzen"

Von Viola Bronsema

CHANGE MANAGEMENT

> Die beiden Standorte Mannheim und Penzberg der Roche Diagnostics GmbH gehören mit zu den bedeutendsten innerhalb des Gesundheitskonzerns Roche. Trotz der wirtschaftlich schwierigen Situation in Deutschland ist es der Roche Diagnostics als weltweit führendem Diagnostikunternehmen in den vergangenen Jahren gelungen, kontinuierlich Marktanteile zu gewinnen, das Kerngeschäft weiter auszubauen und die beiden Standorte deutlich zu stärken. Dennoch muss sich das Unternehmen tagtäglich der aktuellen wirtschaftlichen und politischen Lage stellen. Einerseits steigen die Anforderungen des Marktes ständig. Anderseits gestalten sich die Rahmenbedingungen für Investitionen in Deutschland, über die die Konzernzentrale in Basel entscheidet, zunehmend schwieriger. Für die Roche Diagnostics heißt das: keine Zeit zum Zurücklehnen, sondern aus der Position der Stärke heraus handeln und den Erfolg des Unternehmens sichern. Dabei gilt der Leitsatz: „Die besten Zeiten, um schlechten Zeiten vorzubeugen, sind gute Zeiten." In schlechten Zeiten ist es allerdings deutlich leichter, die Notwendigkeit für Veränderungen klarzumachen.

Change-Management in Zeiten der Erfolge kommunikativ so bei den Zielgruppen zu platzieren, dass jeder Einzelne nicht nur versteht und einsieht, sondern aktiv und engagiert an Veränderungen mitarbeitet und sich für das Erreichen neuer gemeinsamer Ziele mitverantwortlich fühlt, war und ist eine der großen Herausforderungen für die Kommunikation. Die Unternehmenskommunikation der Roche Diagnostics GmbH hat diese Herausforderung angenommen. In einem ersten Schritt hat sie mit der Formulierung einer Corporate Story für den Veränderungsprozess die Dringlichkeit für ein Handeln des Unternehmens verdeutlichen können und eine Vision über gemeinsame Ziele und ein gemeinsames Weiterkommen geschaffen. So wurde der Grundstock für einen unternehmensstrategisch aufgesetzten und gerichteten Veränderungsprozess gelegt. Im Jahr 2002 beschloss die Geschäftsführung schließlich, „Meine Arbeitswelt" einzuführen.

„Meine Arbeitswelt" – die Phasen des Kreislaufs

Einen unternehmensweiten, dauerhaften Veränderungsprozess für mehr als 10.000 Mitarbeitende zu implementieren und die Kontinuität des Vorhabens nachhaltig zu sichern ist eine komplexe Managementaufgabe. Neben der Vermittlung von Dringlichkeit sowie der Entwicklung einer Vision muss ein wirkungsvolles Team eingesetzt werden, das Veränderungen breitflächig einleitet und begleitet. Darüber hinaus müssen Führungskräfte die Aufgabe wahrnehmen, ihre Mitarbeitenden zu Veränderungen zu ermächtigen und sie in ihrem Vorhaben zu unterstützen, so dass Erfolge bereits nach kurzer Anlaufzeit möglich werden. Demgegenüber ist eine nachhaltige Veränderung dadurch zu sichern, dass neue Ansätze in die Firmenkultur integriert werden. Dies alles wird auf der Basis einer Kommunikationsstrategie umgesetzt, die die komplexen Change-Management-Aufgaben übersetzt. So werden die Inhalte von „Meine Arbeitswelt" auf eine einfache und gut vermittelbare Formel reduziert, die lautet: „Erkennen, Verstehen, Umsetzen". Mit diesen drei festen, wiederkehrenden Phasen wird „Meine Arbeitswelt" zum „natürlichen Kreislauf" und damit zum zentralen Schwungrad für Veränderungen im gesamten Unternehmen.

In der ersten Phase geht es dabei um die Bestandsaufnahme – das „Erkennen". Alle Mitarbeitenden äußern anonym und unternehmensweit ihre Meinung über die Arbeitsbedingungen und -abläufe. Mit Hilfe eines internetgestützten Fragenkataloges waren die 10.000 Beschäftigten der Roche Diagnostics GmbH erstmals im September 2002 dazu aufgerufen, 140 Fragen zum Unternehmen am Computer zu beantworten. Diese Erhebung beschrieb äußerst komplex die gegebene Situation im Unternehmen. Im März 2004 folgte die erste Wiederholungserhebung. Bei den Bestandsaufnahmen standen Themen wie die Qualität der Zusammenarbeit, die Qualität der Arbeitsabläufe und -prozesse sowie Anerkennung und Entwicklungsmöglichkeiten im Unternehmen im Fokus. Mit Fragen wie „Wie gut ist die Zusammenarbeit mit Ihrem direkten Vorgesetzten?" oder „Führt die Zusammenarbeit mit Ihrem direkten Vorgesetzten zu guten Ergebnissen?" wurde auch die Führungsarbeit auf den Prüfstand gestellt. Nach der Bestandsaufnahme werden die Ergebnisse auf sämtlichen Ebenen des Unternehmens – von der Geschäftsführung bis hin zur Ebene der Abteilungen und Gruppen – in Interpretationsworkshops besprochen und analysiert. Diese zweite Phase des „Verstehens" ist stark vom Dialog untereinander geprägt. Auf jeder Ebene des Unternehmens gibt es Teams, die miteinander an den „Meine Arbeitswelt"-Themen arbeiten. Führungskräfte setzen gemeinsam mit ihren Mitarbeitern auf der Basis festgestellter Defizite Maßnahmenpläne auf. Dabei können sowohl eigene Themen bearbeitet als auch Themen im Sinne eines „Bottom-up"-Prozesses an die nächsthöhere Ebene zur Bearbeitung weitergeleitet werden. Die dritte Phase von „Meine Arbeitswelt" ist die Umsetzung der geplanten Veränderungs- und Verbesserungsaktionen. Mit der Implementierung der vereinbarten Maßnahmen gestalten Führungskräfte und Mitarbeitende einen wichtigen Teil der Unternehmenszukunft gemeinsam. Eine regelmäßige Wiederholung der Erhebung – etwa im Abstand von zwei Jahren – ermöglicht einen Vergleich mit den Ergebnissen der vorangegangenen Bestandsaufnahme, garantiert eine Kontrolle der Fortschritte und macht den Prozess zu einem fortlaufenden Kreislauf.

Um diesen Prozess als Kreislauf zu etablieren und nachhaltig am Laufen zu halten, waren mehrere Hürden zu überwinden: Wie das Unternehmen bereits 1996 bei einer klassischen Mitarbeiterbefragung feststellen musste, blieb die reine Ermittlung der Befindlichkeiten im Unternehmen häufig ohne konkrete Folgen. Diese negative Erfahrung hatte sich bei den Mitarbeitenden als Enttäuschung festgesetzt. Bei „Meine Arbeitswelt" – obwohl kein Einzelprojekt, sondern ein langfristiger Prozess – musste die Kommunikation zunächst gegen Skepsis und Vorbehalte anarbeiten.

Der Fragenkatalog bei „Meine Arbeitswelt" ist zum Zweck einer automatisierten Auswertung und einer guten statistischen Vergleichbarkeit als elektronisches Tool aufgesetzt. An den Unternehmensstandorten in Mannheim und Penzberg besitzen etwa 15 Prozent der Mitarbeitenden keinen eigenen PC-Zugang, sind häufig im Umgang mit dem Computer nicht geübt und sind daher für die Bearbeitung des internetgestützten Fragenkataloges schwer zu motivieren.

Der Roche Diagnostics GmbH liegt eine komplexe Matrixstruktur mit verschiedenen Geschäfts- und Unternehmensbereichen sowie national und international geprägten Gruppen zu Grunde. Dadurch erhalten die Zielgruppen der Kommunikation eine hohe Diversität und sind schwerer erreichbar.

Diese Problempunkte wurden in den integrierten Kommunikationsansatz aufgenommen, der das Management und die Unternehmenskommunikation eng vernetzt. Eine zentrale Rolle nimmt dabei das Kernteam

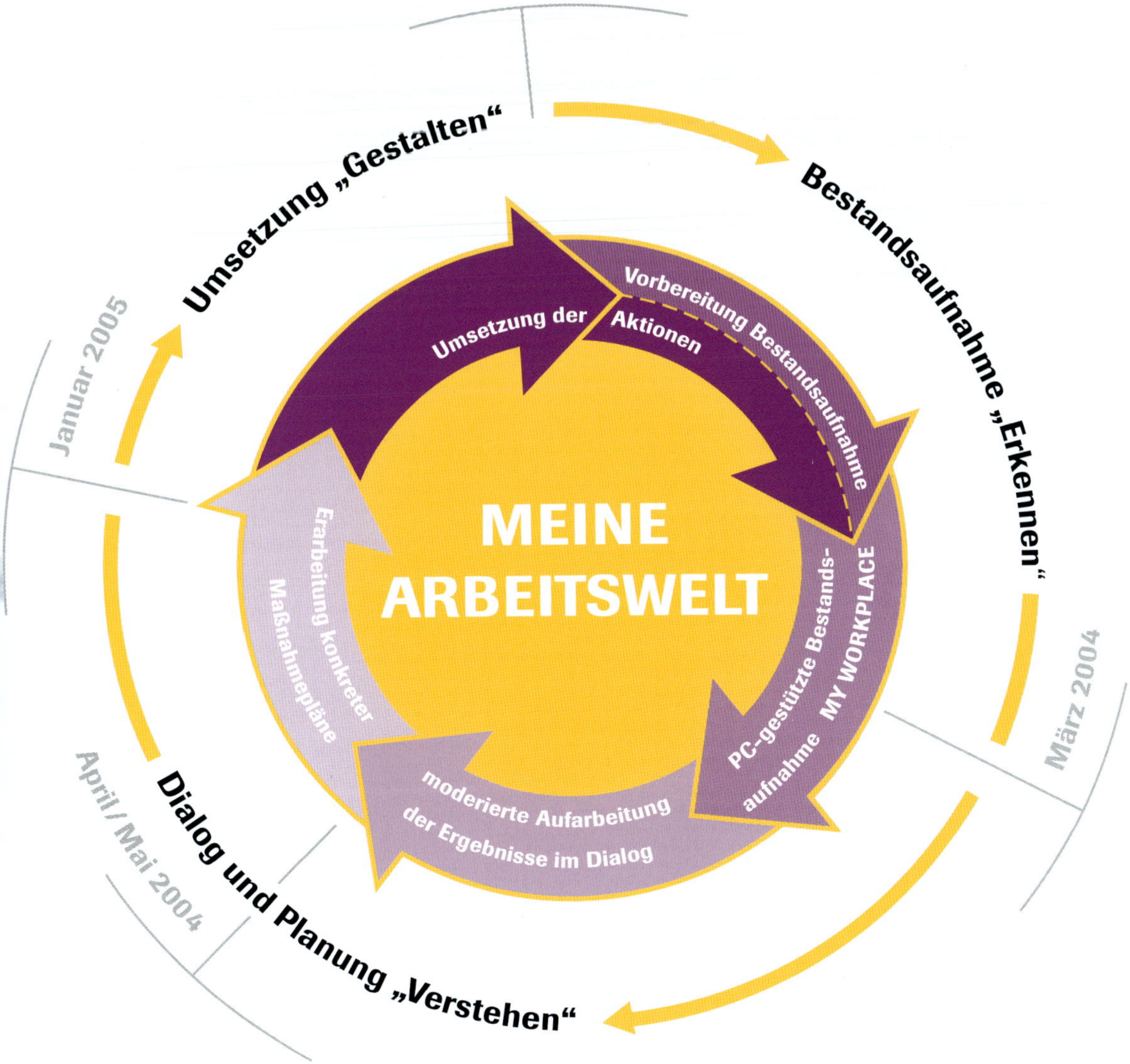

„Meine Arbeitswelt“ ist ein kontinuierlicher Kreislauf, der durch die drei festen und wiederkehrenden Phasen „Erkennen, Verstehen, Umsetzen“ gekennzeichnet ist.

„Meine Arbeitswelt“ ein. Sieben Mitglieder – Topmanager sowie Fachleute aus den Bereichen Personalentwicklung und IT-Support – waren und sind in diesem abteilungsübergreifenden Kreis dafür zuständig, dass die Rahmenbedingungen im Unternehmen für die Umsetzung des Veränderungsprozesses geschaffen werden. Sie lenken die operative Durchführung, legen Trainings- und Supportmaßnahmen zum Prozess fest, stimmen die Kommunikationsziele und -kampagnen ab und sichern die Implementierung der vereinbarten Maßnahmen für Veränderungen im Unternehmen.

Kommunikation als Wegbereiter zum Erfolg

Der Startschuss zur Kommunikationskampagne „Meine Arbeitswelt“ erfolgte im Frühjahr 2002. Spezifische Kommunikationskonzepte wurden jeweils im Vorfeld der Phasen der Erhebungen in den Jahren 2002 und 2003 ausgearbeitet. Die Kommunikationsstrategie war in der ersten Phase darauf ausgerichtet, „Meine Arbeitswelt“ bei den Mitarbeitenden bekannt zu machen sowie Wissen über beziehungsweise Vertrauen für den Prozess zu schaffen. Darüber hinaus sollten bei den Mitarbeitenden eine hohe Akzeptanz und Motivation zum Mitmachen generiert werden. Auf diese Weise war darauf hinzuwirken, dass der Prozess dauerhaft und „flächendeckend“ in den Arbeitsalltag der Mitarbeitenden einfließt und aktiv sowie mit Überzeugung unterstützt wird. Die Beschäftigten sollten „Meine Arbeitswelt“ als zentrales Instrument für einen Veränderungsprozess wahrnehmen, bei dem sie selbst im Mittelpunkt stehen. Ferner war es die Aufgabe der Kommunikation, dazu beizutragen, dass die Führungskräfte mit ihren Mitarbeitenden die aus den Ergebnissen der Erhebung abgeleiteten Maßnahmen engagiert umsetzen. Auch eine Außenwahrnehmung durch regionale und überregionale Pressearbeit war ein Ziel der Kommunikation. „Meine Arbeitswelt“ sollte als ein positiver Prozess und als Sinnbild für den Wandel im Unternehmen von der Öffentlichkeit wahrgenommen werden. Auf diese Weise galt es, das Image von Roche insgesamt zu stärken und das Unternehmen als attraktiven Arbeitgeber darzustellen.

Die thematisch-inhaltliche Einführung des „Meine Arbeitswelt“-Prozesses erfolgte über Kick-off-Veranstaltungen mit bis zu 600 Führungskräften. Dabei wurden Maßnahmen zur „Top-down“- und Massenkommunikation mit Teamwork in Kleingruppen verknüpft. Bei den Veranstaltungen selbst standen der Dialog und die Interaktion im Vordergrund. Mittels TED-Abstimmung (TED = Tele-Dialog) beurteilten die Teilnehmer Aussagen zum Prozess und konnten ein erstes kollektives Meinungsbild zum Vorhaben abgeben. Dieser Input schlug sich in der weiteren Planung und Durchführung von „Meine Arbeitswelt“ nieder. Damit wurde die Bildung von Vertrauen und Glaubwürdigkeit für den Prozess unterstützt.

Dialog und Interaktion mit 600 Mitarbeitenden

Darüber hinaus erhielt die Gruppe der so genannten Prozessbegleiter Präsentations- und Informationspakete. Mehr als 50 Prozessbegleiter sind bei „Meine Arbeitswelt“ aktiv und spielen in der „Top-down“-Kommunikation einen bedeutenden Part. Denn sie bilden eine essenzielle Schnittstelle zwischen dem Management und den Mitarbeitenden. Sie sind mit dafür verantwortlich, dass alle wichtigen Informationen über die Kaskade Hauptabteilung, Abteilung, Gruppe, Mitarbeiter weitergeleitet werden, und sie sorgen dafür, dass die Dynamik des Prozesses nicht abreißt. Neben der „Top-down“-Kommunikation, die primär über Meetings, Info-Mails, Infobriefe oder informelle Gespräche aufgesetzt war, griffen vor allem Maßnahmen der internen Kommunikation, um die Mitarbeitenden auf den Prozess einzustimmen. Hier nur einige Beispiele: Das Kommunikationsteam „Meine Arbeitswelt“ platzierte Artikel in der Mitarbeiterzeitung. Für das Roche-Intranet entwickelte es eine „Meine Arbeitswelt“-Homepage mit Infotexten zum Prozess sowie mit einem umfangreichen Fragen- und Antwortenkatalog. Ein Flyer, der an alle Mitarbeitenden verteilt wurde, informierte zusätzlich über die Grundzüge des neuen Unternehmensprozesses.

Durchschlagender Erfolg

Das Resultat konnte sich sehen lassen: 80 Prozent der Mitarbeitenden der Roche Diagnostics GmbH haben sich an der ersten freiwilligen Erhebung 2002 zu „Meine Arbeitswelt" beteiligt – angesichts der oben erwähnten Hemmnisse und Hürden eine sehr hohe Quote. Damit lagen dem Unternehmen anonymisierte, hoch repräsentative Daten vor. Mehr als 1 Million Einzelantworten sind zusammengetragen, ausgewertet und interpretiert worden. Auf dieser Basis formulierten die Mitarbeitenden und ihre Vorgesetzten unternehmensweit über 2.700 Verbesserungsmaßnahmen und setzten diese zu über 90 Prozent auch um. Damit begann eine das ganze Unternehmen durchdringende Optimierung der Zusammenarbeit, der Arbeitsabläufe und -prozesse sowie der Formen der Anerkennung und der Entwicklungsmöglichkeiten im Unternehmen. Die eingeleiteten Maßnahmen reichten von einfachen Aktionen wie der „Begrünung von Büros" bis hin zur Vereinbarung neuer komplexer Grundsätze. So erarbeitete und formulierte die Geschäftsführung in Zusammenarbeit mit der Unternehmenskommunikation beispielsweise neue Richtlinien für die Mitarbeiterführung. Diese Richtlinien wurden kommunikativ intensiv eingeführt und erfolgreich implementiert. Unterstützung fanden diese Maßnahmen in einem klaren Commitment der Geschäftsleitung. In einer Broschüre bezog jeder der Geschäftsführer Stellung zum „Meine Arbeitswelt"-Prozess, hob seinen persönlichen Schwerpunkt hervor und legte ein klares Bekenntnis zu seinem Engagement bei diesem Vorhaben ab. Besonders betont wurden dabei auch die neu formulierten Richtlinien einer erfolgreichen Führungsarbeit. Indem sich die Geschäftsführer selbst zur Anerkennung der neuen Führungsrichtlinien verpflichteten, haben sie die generelle Akzeptanz für den Prozess im Unternehmen stark gefördert.

Damit die vielschichtigen Veränderungsprozesse letztlich in eine nachhaltige Veränderung der Unternehmenskultur mündeten, musste ein kontinuierlicher Informationsfluss gewährleistet werden. Um über alle „Meine Arbeitswelt"-relevanten Neuigkeiten mit hoher Transparenz berichten zu können, etablierte das Kommunikationsteam deshalb weitere, im Unternehmen bisher noch nicht vorhandene Kommunikationsinstrumente. So fanden beispielsweise Infobildschirme an zentralen Orten Platz. Sie informieren aktiv über die aktuellen Geschehnisse rund um das Unternehmen und um „Meine Arbeitswelt". Außerdem konzipierte das Team für die Mitarbeiterzeitung „Roche in Deutschland" eine eigene Beilage mit dem Titel „Meine Arbeitswelt". Das acht Seiten umfassende Heft befasst sich speziell mit Themen und der Entwicklung rund um den Change-Management-Prozess. Die Mitarbeitenden stehen bei Text und Bild im Mittelpunkt: Die persönliche Note der Storys wird hervorgehoben, das Individuelle betont.

Der Mitarbeitende im Mittelpunkt

Die Nachhaltigkeit von Veränderungen kann auch dadurch deutlich werden, dass sich die Kommunikation selbst sichtbar verändert. Damit ist sie zugleich Auslöser und Zeugnis von kulturellen Veränderungen im Unternehmen. Dieser Zusammenhang wird bei den Kommunikationsmaßnahmen zur zweiten Runde des „Meine Arbeitswelt"-Prozesses, die den Mitarbeitenden noch stärker in den Mittelpunkt rückten, offensichtlich. Beispielhaft hierfür: die größte Mitarbeiter-Fotowand bei Roche. Ein Fotografenteam machte in einem extra angefertigten „Meine Arbeitswelt"-Pavillon Porträtsfotos von den Mitarbeitenden. Mit dieser Aktion gaben die Mitarbeitenden ihr persönliches Commit-

Kernaspekte der Kommunikationsstrategie

- Vision leads change: Unsere eigene Geschichte („Corporate Story") für Veränderung und „My Workplace" entwickeln: „Meine Arbeitswelt".
- One Voice: Die gesamte Kommunikation von „Corporate Story" bis zu Postern transportiert dieselben Botschaften.
- More than a nine days' wonder: „Meine Arbeitswelt" wird als kontinuierlicher, nachhaltiger Prozess definiert, etabliert und kommuniziert.
- Transparency and true dialogue create trust: Frühzeitige und kontinuierliche Information sowie Einbeziehung der Zielgruppen in den Dialog.
- Commitment supports alignment: Unterstützung durch die Unternehmensleitung und die Führungskräfte durch geeignete Kommunikationsmaßnahmen.
- Man in the mirror: Externe Kommunikation erhöht die Aufmerksamkeit bei den Mitarbeitenden und den Stolz auf das eigene Unternehmen.

ment für den „Meine Arbeitswelt"-Prozess ab. Folgende Ergebnisse konnten mit dieser Maßnahme erzielt werden:

- Stärkung des Wirgefühls.
- Identifikation mit „Meine Arbeitswelt" und dem Unternehmen sowie Akzeptanz und Unterstützung für „Meine Arbeitswelt".
- Starke Symbolwirkung für die hohe Durchdringung von „Meine Arbeitswelt" im gesamten Unternehmen.

Das Konzept ging auf: 84 Prozent der Mitarbeitenden beteiligten sich an der zweiten Bestandsaufnahme. Damit konnte im Vergleich zur ersten Erhebung noch zugelegt werden. Ein Erfolg, der sehr hoch zu bewerten ist – haben doch Erfahrungen aus anderen Unternehmen gezeigt, dass die Beteiligungsquote bei der Wiederholungserhebung in der Regel rückläufig war. Mit diesem Ergebnis steht ein Datenumfang zur Verfügung, der repräsentativer kaum sein kann. Damit ist eines der Hauptziele, nämlich die nachhaltige Identifikation der Mitarbeitenden mit „Meine Arbeitswelt", erreicht.

Mehr als zwei Jahre läuft „Meine Arbeitswelt" bereits bei der Roche Diagnostics GmbH. In dieser Zeit hat sich „Meine Arbeitswelt" zum größten Veränderungsprozess entwickelt, der in dieser deutschen Roche-Niederlassung je angestoßen wurde. Wie die Wiederholungserhebung bei „Meine Arbeitswelt" gezeigt hat, haben sich in diesem Zeitraum die Bewertungen der Mitarbeitenden zu allen abgefragten Themenkomplexen (Zusammenarbeit, Zielausrichtung, Entwicklung, Gegenleistung) insgesamt zum Besseren verschoben. Dies wird auch durch das aktuelle Ranking des VAA (Verband angestellter Akademiker und leitender Angestellter der chemischen Industrie e.V.) bestätigt. In der jährlich erstellten Studie bewerten Führungskräfte der 20 großen deutschen Chemie- und Pharmafirmen Strategie, Firmenkultur, Arbeitsbedingungen ihres Unternehmens sowie die persönliche Befindlichkeit. Die Roche Diagnostics GmbH kletterte von Platz acht im Jahr 2003 auf Platz vier in diesem Jahr. Der mittel- und langfristige Ausbau der Wettbewerbsfähigkeit zeichnet sich damit schon heute ab. <

ACCENTURE

EMPLOYER-BRANDING FÜR EINEN BUSINESS-INNOVATION-PARTNER

„Ich bei Accenture"

VON ULF HENNING

MITARBEITERKOMMUNIKATION

> „High Performance. Delivered" – dieser Claim spiegelt nicht nur den Anspruch von Accenture wider, seinen Kunden bei der Entwicklung zu Hochleistungsunternehmen ein wertvoller Partner zu sein. High Performance erwartet der weltweit agierende Management-, Technologie- und Outsourcingdienstleister auch von seinen Mitarbeitern: Denn eine wesentliche Bedingung für den Erfolg des Geschäftsmodells sind hoch qualifizierte Arbeitskräfte, vor allem in der Management- und IT-Beratung sowie in der Softwareentwicklung. Ein erfolgreiches Recruiting ist daher von unternehmensstrategischer Bedeutung.

In den vergangenen zehn Jahren verzeichnete Accenture weltweit eine durchschnittliche jährliche Umsatzwachstumsrate von 16,3 Prozent, vor allem auf Grund des umfassenden und zukunftsweisenden Geschäftsmodells: Accenture ist eines der wenigen Unternehmen, die Beratung, Umsetzung und den Betrieb von Geschäftsprozessen aus einer Hand anbieten. Für diese Dienstleister hat sich in der Branche der Begriff „Business-Innovation-Partner" durchgesetzt. Accenture ist bereits heute einer der Vorreiter in diesem neuen Markt, der ein erhebliches Wachstumspotenzial bietet und einen entsprechenden Bedarf an neuen Mitarbeitern schafft.

DER BEKANNTHEITSGRAD UND DAS IMAGE DES ARBEITGEBERS BILDEN IM KAMPF UM DIE BESTEN KÖPFE DAS ENTSCHEIDENDE KRITERIUM FÜR EINE BEWERBUNG.

Für das Geschäftsjahr 2004/05 (1. September 2004 bis 31. August 2005) suchte Accenture in Deutschland, Österreich und der Schweiz insgesamt 1.200 neue Mitarbeiter. Die Zielgruppe des Personalmarketings bildeten zu zwei Dritteln Hochschulabsolventen und zu einem Drittel Kandidaten, die bereits über eine Berufserfahrung zwischen drei und fünf Jahren verfügten. Die neuen Mitarbeiter sollten Positionen sowohl in der Management- und Strategieberatung als auch im Bereich Accenture Technology Solutions (Entwicklung, Programmierung und Wartung technischer Lösungen) besetzen.

Herausforderungen an die Kommunikation

Bei der Rekrutierung sah sich Accenture mit mehreren Herausforderungen konfrontiert. Die Nachfrage nach hoch qualifizierten Mitarbeitern übertraf das Angebot bei weitem – eine Tatsache, an der sich bis heute nichts geändert hat: Im Markt herrscht noch immer ein harter Wettbewerb um die besten Köpfe. Da Accenture erst im Jahr 2001 aus Andersen Consulting hervorgegangen ist, tritt es auf Grund seines Geschäftsmodells in dieser Konkurrenz als vergleichsweise junge Unternehmensmarke sowohl gegen die großen Managementberatungen an als auch gegen bekannte Technologiekonzerne, deren Marken zum Teil seit Jahrzehnten fest etabliert sind.

Das Image des Arbeitgebers bildet in diesem Wettbewerb um eine karrierebewusste akademische Elite das entscheidende Kriterium für eine Bewerbung. Im Falle von Accenture hatte die Kommunikation des Namenswechsels zwar bei der Zielgruppe „Kunden" hervorragend funktioniert, weniger jedoch im Bereich Recruiting. Dies lag zum einen daran, dass noch vor dem Namenswechsel beachtliche Kommunikationsanstrengungen im Recruiting-Bereich unternommen worden waren, deren Wirkung nachhaltig zu spüren war. Zum anderen wurden die Recruiting-Aktivitäten nach dem Namenswechsel etwas reduziert.

Im Rahmen der aktuellen Kommunikationsmaßnahmen galt es daher im ersten Schritt, die Bekanntheit von Accenture auf dem Recruiting-Markt auszubauen. Im zweiten Schritt sollte dann der konsequente Imageaufbau folgen. Denn: Bei potenziellen Bewerbern, denen die Marke bekannt war, sah sich Accenture mit einem Imageproblem konfrontiert. Untersuchungen hatten ergeben, dass Accenture – historisch bedingt – in erster Linie als klassische Managementberatung inklusive aller dieser Unternehmenskategorie zugeschriebenen Arbeitsbedingungen identifiziert wurde: eine sehr hohe zeitliche Belastung mit geringer Freizeit, wechselnde Einsatzorte, die ein geregeltes Privatleben erschweren, und nicht zuletzt ein erheblicher Erfolgsdruck für den Einzelnen.

Diese Vorurteile waren umso problematischer, als sich die Erwartungshaltung der Bewerber an ihren Arbeitsplatz offensichtlich deutlich gewandelt hat. Die Relevanz der Themen Arbeitsplatzsicherheit und Work-Life-Balance ist in den vergangenen Jahren erheblich gestiegen. Interne Analysen haben ergeben, dass sich Bewerber deshalb eher für einen vermeintlich sicheren Arbeitsplatz bei einem Großkonzern entscheiden.

Da Accenture als reine Unternehmensberatung wahrgenommen wurde, verkürzte sich auch seine Positionierung im Recruiting-Markt erheblich: Auch für die Größe und die internationale Aufstellung des Unternehmens – über 115.000 Mitarbeiter in 48 Ländern – fehlte das Bewusstsein.

Employer-Branding: „Ich bei Accenture"

Vor diesem Hintergrund fiel im Frühjahr 2004 die Entscheidung, in Ergänzung zu den klassischen Personalmarketingaktivitäten eine langfristig angelegte, integrierte

Kommunikationskampagne zu starten, um die Arbeitgebermarke Accenture stärker zu positionieren. Zur Entwicklung und Umsetzung des Employer-Brandings setzte Accenture auf ein Team aus Agenturen. Das integrierte Konzept wurde gemeinsam mit ICON Added Value, Nürnberg, der Public-Relations-Agentur Burson-Marsteller und der Agentur Wunderman, beide Frankfurt am Main, entwickelt.

Die multidimensionale Strategie, zusätzlich zu den traditionellen Instrumenten des Personalmarketings eine dezidierte PR-Kampagne zu starten, wurde ganz bewusst gewählt: Dafür sprachen sowohl die hohen kommunikativen Anforderungen an die Positionierung als auch der hohe Informationsbedarf innerhalb der Zielgruppe.

Bei der Umsetzung der PR-Aktivitäten stand die kommunikative Positionierung „Bei Accenture arbeite ich bei einem internationalen Topunternehmen für internationale Topunternehmen" im Mittelpunkt sämtlicher Kommunikationsmaßnahmen: Sie griff die Befindlichkeiten der Zielgruppe auf und unterstrich die Marktposition von Accenture als großes, weltweit agierendes und angesehenes Unternehmen, das eine interessante Arbeitsplatzalternative zur internationalen Konzernkarriere bietet. Sie arbeitete zudem die Tätigkeit des Unternehmens für Topunternehmen als zentrales Differenzierungsmerkmal heraus. Denn: Bei Accenture arbeitet ein Mitarbeiter nicht nur für ein, sondern für viele Topunternehmen. Weltweit zählt Accenture über 4.000 Organisationen zu seinen Kunden, darunter 87 Unternehmen aus dem Fortune-Global-100-Index und mehr als zwei Drittel der im Fortune-Global-500 gelisteten Organisationen.

Diese Positionierung wurde in zwei klare Botschaften übersetzt, die über eine zentrale Message-Plattform in die verschiedenen Kommunikationskanäle eingespeist wurden:

„Ich finde bei Accenture interessante Aufgaben, die mir den optimalen Einstieg

> Eine integrierte Kampagne sorgt für ein konsistentes Unternehmensimage und erhöht die Durchschlagskraft.

ins Berufsleben und vielfältige Karrierechancen eröffnen. Accenture bietet mir Einblicke in vielfältige Industrien, Internationalität, Größe, Reputation, ausgezeichnete Entwicklungsperspektiven, intensive Weiterbildung und einen sicheren Arbeitsplatz."

„Bei Accenture bin ich an der Entwicklung von Innovationen und Lösungen für die Aufgaben von morgen beteiligt. Ich helfe den Kunden von Accenture dabei, ihr Geschäft zu einem High-Performance-Business zu entwickeln."

Bei der Entwicklung der Positionierung wie auch der Botschaften wurde besonders auf die Kongruenz mit den Werten der Unternehmensmarke Accenture und mit den Corporate-Botschaften geachtet. Hier sorgte Integration für ein konsistentes Unternehmensimage und erhöhte die Durchschlagskraft.

> DIE ANSPRACHE VON TOPKANDIDATEN BENÖTIGT AUFMERKSAMKEIT UND ARGUMENTE.

Für die PR-Kampagne hat Burson-Marsteller ein Pressebüro aufgebaut, das die Medienarbeit für das Recruiting in enger Abstimmung mit der Accenture-Pressestelle und dem Personalmarketing gestaltet. Aufgaben sind das Themenmanagement und -Tracking, die Platzierung von Presseartikeln, die Koordination aller Medienkontakte, die Organisation von Mediabriefings, die Erstellung von Presseartikeln, Statements und Interviews sowie das Medienmonitoring. Als zentrale Herausforderung hat sich dabei das Themenmanagement erwiesen, das kontinuierliche Angebot neuer Inhalte an die Zielmedien. Zu diesen zählen Hochschul- und Karrieremedien, Wirtschaftsmedien, Fachmedien aus dem Bereich Informationstechnologie, ausgewählte Publikumsmedien, regionale Tageszeitungen am Accenture-Firmensitz, regionale Fernsehsender sowie Hörfunk und Onlineplattformen.

Um weitere Kommunikationsanlässe zu schaffen, wurde unter anderem ein Veranstaltungsformat in Form von Podiumsdiskussionen an ausgewählten Hochschulen entwickelt. Unter dem übergreifenden Thema „Wie können Unis besser auf den Job vorbereiten?" boten diese Podiumsdiskussionen, die zwischen November 2004 und Januar 2005 an sechs Hochschulen stattfanden, sowohl Absolventen als auch Unternehmen und Hochschulvertretern eine Plattform, sich über berufliche Erwartungen und Anforderungen auszutauschen. Die inhaltliche Grundlage für die Diskussionen lieferte eine Studie zum Thema Bildung in Deutschland, die Accenture 2004 gemeinsam mit der Initiative Neue Soziale Marktwirtschaft und der Studenteninitiative AIESEC veröffentlicht hatte: „Das richtige Wissen? Kompetenzvermittlung an deutschen Hochschulen".

Bewerberquote um 25 Prozent erhöht

Seit dem Start des Employer-Brandings gelang es Accenture, seinen Bekanntheitsgrad und sein Image in der für die Rekrutierung relevanten Zielgruppe signifikant zu verbessern. Natürlich ist dieses Ergebnis nicht allein auf die PR-Maßnahmen zurückzuführen, sondern auf das Zusammenspiel aller Aktivitäten aus Personalmarketing, Public Relations und Werbung. Gleichwohl war die Entscheidung, eine dezidierte PR-Kampagne aufzusetzen, ein großer Erfolg: Accenture ist in allen relevanten Hochschul- und Karriere-, Wirtschafts- und IT-Fachmedien mit dem Thema Recruiting regelmäßig präsent, insbesondere bei Themenschwerpunkten zur Consulting-Branche.

Darüber hinaus konnte sich Accenture auch in den regionalen Medien im Rhein-Main-Gebiet positionieren. Insgesamt erzielte das Unternehmen im Bereich Recruiting zwischen Mai 2004 und April 2005 eine Steigerung seiner Media-Coverage um 400 Prozent. Auch die Podiumsdiskussionen stießen bei den Absolventen auf großes Interesse: Hier konnte Accenture rund 300 Teilnehmer begrüßen. Wichtigstes Indiz für das erfolgreiche Zusammenspiel sämtlicher Kommunikationskanäle war jedoch die Zahl der qualifizierten Bewerbungen, die insgesamt um 25 Prozent stieg.

Gleichwohl können diese Zahlen nur ein erster Meilenstein des Employer-Brandings sein. Wie bei jedem Markenaufbau ist auch der Aufbau einer Arbeitgebermarke ein langfristiger Prozess. Es würde zudem viel zu kurz greifen, den „War for Talent" ausschließlich auf die Deckung eines kurzfristigen Personalbedarfs zu reduzieren. Die demographische Entwicklung dürfte vielmehr dazu führen, dass sich der Kampf um die besten Köpfe weiter verschärfen wird. Dies gilt nicht nur für Bewerber, sondern auch für die Bindung der Mitarbeiter an das Unternehmen. Accenture wird daher das Employer-Branding im Geschäftsjahr 2005/06 fortsetzen, um auch weiterhin seinem Anspruch „High Performance. Delivered" gerecht zu werden. <

BASF Aktiengesellschaft

Netzwerk statt Aufbauorganisation

„One-Company-Approach"

Von Ulrich Nies

VERTRIEBSORIENTIERTE PR

> Die Automobilindustrie und ihre Zulieferer sind eine der wichtigsten Kundenbranchen der BASF. Rund 13 Prozent seines weltweiten Umsatzes erzielt der Konzern im Segment „Automotive". Er ist auch auf diesem Gebiet das weltweit führende Chemieunternehmen. So heterogen wie die Kundenstruktur – vom globalen Automobilhersteller über den Zulieferer bis zum Autoreparaturlackierer –, so vielfältig sind auch die Produkte und Dienstleistungen, mit denen die BASF auf diesem Gebiet agiert. Für die Kommunikation ist das eine spannende Herausforderung. Generelle Aufgabe dabei: Wie stellt man sicher, dass das Unternehmen als „ein einheitliches Unternehmen" wahrgenommen wird, dass es mit einer Stimme spricht, und zwar mit einer, die seine Markenwerte über alle Kulturen hinweg transportiert? Für die Lösung dieser Aufgaben ist die BASF einen ungewöhnlichen Weg gegangen. Denn verantwortlich hierfür ist keine klassische organisatorische Einheit, sondern ein globales Team in einem Kommunikationsnetzwerk.

Diese Art des Vorgehens passt exakt in das System, mit dem die BASF ihr Geschäft im Automobilsegment steuert. Strategie, operatives Geschäft und Kommunikation sind die drei Koordinationsebenen. Die über die beteiligten Geschäftsbereiche hinausreichende Strategie koordiniert das „Global Automotive Steering Committee" (GASC), bestehend aus den Leitern der Geschäftseinheiten sowie Vertretern der Regionen. Die operative Koordination für die wichtigsten Kunden erfolgt in „Global Key-Account-Teams" (GKAT). Folgerichtig verantwortet ein ebenfalls globales Team, die „Automotive Communication Community" (ACC), alle Kommunikationsmaßnahmen. Die PR-Spezialisten darin sind in mehrfacher Weise mit den Geschäften vernetzt. Der Teamleiter berichtet direkt an das globale Steuerungskomitee (GASC). Gleichzeitig sind die ACC-Mitglieder in jedem Key-Account-Team vertreten. Sie sammeln dort Ideen und identifizieren Kommunikationsbedarf. Gemeinsam mit den Kollegen aus der ACC werden die beschlossenen Maßnahmen in die Tat umgesetzt. Die Mitglieder der ACC selbst kommen aus den Kommunikationseinheiten der wichtigsten Geschäftseinheiten, wie Coatings, Plastics, Specialty Chemicals sowie aus den Regionen Europa, Asien und Nord- und Südamerika. Geleitet und koordiniert wird das Team aus der Zentraleinheit Unternehmenskommunikation von Ulrich Nies, der in Personalunion die Information-Coordination der BASF-Gruppe leitet, wozu neben News- und Issues-Management und Communication-Research auch die Vernetzung der B2B-Kommunikation zählt.

Message-Matrix für alle relevanten Zielgruppen

Die ACC erarbeitet gemeinsam Kommunikationskonzepte, -jahrespläne und Einzelmaßnahmen. In einem Mission-Statement wurde das Selbstverständnis einer Kommunikationsarbeit vereinbart, die dem Erfolg der Geschäftseinheiten verpflichtet ist. Ebenfalls klar beschrieben sind die Aufgaben der Teammitglieder. Der Kanon reicht von allgemeinen Kommunikationsaufgaben bis zu Spezialthemen, wie der Unterstützung von Kundenpräsentationen oder -ausstellungen.

Grundlage der Arbeit sind eine Analyse der Kommunikationsauftritte sowie eine Kundenbefragung aus dem Jahr 2003. Ein internationales Projektteam, bestehend aus Nachwuchskräften von Produktion, Marketing und Vertrieb, ermittelte sowohl die damalige Wahrnehmung der Kommunikation des Unternehmens als auch die Relevanz einzelner Botschaften der aktuellen Kommunikation. Dabei gewannen sie unter anderem die Erkenntnis, dass die Betonung von umweltfreundlichen und nachhaltigen Produkten nicht für eine Differenzierung vom Wettbewerb ausreichte. Dass die BASF umweltfreundliche Produkte liefert, wurde von den Kunden quasi vorausgesetzt. Ebenso wenig eignete sich die Betonung eines breiten Produktportfolios oder weltweiter Präsenz. Relevant war für die Kunden dagegen, dass die BASF aus ihrem Portfolio maßgeschneidert Lösungen liefert und in der Lage ist, ihren Kunden überallhin auf der Welt zu folgen. Als Schwäche der Kommunikation identifizierte das Team einen sehr heterogenen Auftritt. Das betraf sowohl die Layouts von Kommunikationsmaterialien als auch die Auswahl der Botschaften.

Im September 2003 übernahm das heutige Team aus Kommunikatoren die aus diesen Ergebnissen abgeleiteten Aufgaben mit dem Ziel, Vorschläge für einen „One-Company-Approach" zu erarbeiten. Die zu Beginn als Projekt angelegte Aufgabe bestand zunächst darin, intern die Grundlagen für eine weltweit homogene Kommunikation zu legen. In einem ersten Schritt wurden die in den Kundenbefragungen ermittelten Bedürfnisse der Kunden in eine Message-Matrix für alle relevanten Zielgruppen übersetzt. Was bedeutet zum Beispiel die Aussage „Superior technical Support" (eine der Kernbotschaften) für die Topmanagementebene des Kunden oder für einen Produktionsleiter oder für einen Einkäufer? In die Entwicklung der Botschaften eingebunden waren Mitarbeiter aller relevanten Geschäftseinheiten und Regionen. Anschließend hatten Key-Accounter auf allen Kontinenten die Möglichkeit, zur Praxistauglichkeit Stellung zu nehmen. Und schließlich sorgte die Freigabe durch das globale Steuerungsgremium GASC dafür, dass ein gleichermaßen verbindliches wie akzeptiertes Instrument vorlag.

Die Message-Matrix ist bis heute sowohl Grundlage für die inhaltliche Gestaltung aller Kommunikationsmittel – von der Anzeige bis zur Präsentation – als auch Checkliste zum Beispiel für die Abstimmung von Texten. „Ist das von der Matrix gedeckt?" ist die zentrale Kommunikationsfrage bei jeder Planung. Die Antwort darauf objektiviert und entspannt bisher schwierige, oft auf individuellem Geschmack basierende Diskussionen.

Als ein echter Glücksfall für das Team entpuppte sich das seit 2004 laufende Rebranding des Unternehmens. Positionierung und Markenwerte lieferten zum einen die Basis für die Message-Matrix. Die neuen CD-Richtlinien sorgten zudem für ein homogeneres „Look and Feel" aller Kommunikationsmittel. Und vor allem verstärkte das Branding mit dem Unternehmens-Claim „The Chemical Company" den Stolz auf Marke und Unternehmen in der Belegschaft. Das gestiegene Selbstvertrauen der Mitarbeiter führte zu einer starken Nachfrage nach Kommunikationsmitteln, die diesen Anspruch belegen, und wurde auch von den Kunden positiv wahrgenommen.

Vorteil der weltweiten Community

Eines der wichtigsten internen Werkzeuge hierfür war 2004 die Einrichtung eines Intranetportals für alle BASF-Mitarbeiter, die in Kontakt zur Automobilindustrie kommen. Standardpräsentationen, Eventlisten, Links, Fotos, Statistiken, interne Kontaktlisten und eine Dokumentation aller internen und externen Veröffentlichungen sind hier aktuell zu finden. Der Vorteil einer weltweiten Community wurde auch bei der internen Kommunikation deutlich. Themen wurden leicht adaptiert cross-media und cross-regional verwendet. Dadurch wurde ohne Mehraufwand die interne Awareness für die Bedeutung der Automobilbranche verbessert. In der internen Kommunikation wurde eine

Doppelstrategie gefahren. Die gute Vernetzung der ACC stellte zum einen sicher, dass die Belange der Automobilbranche vom Imagevideo über den Geschäftsbericht bis zur Unternehmenswerbung zum Tragen kamen. Parallel dazu wurden eigenständige Kommunikationsmittel realisiert, die nur durch Nutzung von Syngergieeffekten finanzierbar waren. Beispiel hierfür ist das „Virtual Car", ein 3-D-Konzeptmodell auf CD-ROM, in das auf einer Cyberproduktionsstraße alle Kompetenzen der BASF einfließen, bis

sich schließlich das fertige Auto präsentiert. Wer sich für einzelne Module, wie zum Beispiel Ansaugrohre aus Kunststoffen, interessiert, den führt die CD-ROM letztendlich bis auf die Produktebene. Erstmals eingesetzt und viel beachtet wurde das „Virtual Car" bei der Kunststoffmesse 2004 in Düsseldorf. Sein Vorteil: Auch Kompetenzfelder, die normalerweise nicht auf einer Kunststoffmesse vertreten gewesen wären, konnten so präsentiert werden. Es entstand ein guter Eindruck von der Gesamtkompetenz des Unternehmens.

Schwerpunkt des Jahres 2005 ist unter anderem die Unterstützung großer Kundenevents auf allen Kontinenten. Und auch hier bewähren sich die Internationalität und dezentrale Stärke des Netzwerkes. Ressourcen, die für einen begrenzten Zeitraum in einer Region benötigt werden, können durch Rückgriff auf Mitarbeiter aus anderen Regionen bereitgestellt werden. Konkrete Hilfe und gleichzeitig wachsendes Verständnis für kulturelle Unterschiede stärken die Kommunikationskompetenz aller Netzwerkbeteiligten und erhöhen die Kommunikationsqualität beim Kunden.

Die Zusammenarbeit des Teams funktioniert über zweiwöchentliche Telefonkonferenzen sowie mindestens drei persönliche Treffs im Jahr. Für Teilprojekte werden jeweils eigene Teams gebildet. Das Netzwerksystem ist so erfolgreich, dass es bereits als Blaupause für andere Branchen herangezogen wird. Den Teilnehmern eröffnet es die Lernchancen einer interkulturellen Zusammenarbeit, die durch die Begleitung eines methodisch versierten Projektcoachs aus einer internen Beratungseinheit unterstützt wird. <

eBay GmbH

Positionierung von eBay als B2C-Vertriebskanal für den Fachhandel

„eBay – Partner des Handels"

Von Nerses Chopurian

VERTRIEBSORIENTIERTE PR

> eBay. Die vier bunten Buchstaben stehen mittlerweile synonym für den Onlinehandel. Angefangen als Sammlerbörse im Internet, hat sich www.ebay.de als Marktplatz etabliert, auf dem es fast alles gibt: Neues, Gebrauchtes, Seltenes und Skurriles – von Plüschteddys oder Glühlampen über Kaffeetrinken mit Nadja Auermann bis hin zu Toastbrot mit dem angeblichen Antlitz der Jungfrau Maria. eBay als der Marktplatz von Konsumenten für Konsumenten. Aber der weltweite Marktplatz hat sich auch als Vertriebskanal für den Handel etabliert. Eine wachsende Zahl an Fachhändlern nutzt eBay als Distributionskanal, um Neuwaren, Restposten, Retouren

> DAS BEISPIEL EBAY ZEIGT: DIE PR IST FÜR DIE POSITIONIERUNG EINER MARKE INNERHALB EINER ENGEN UND KOMPLEXEN ZIELGRUPPE PRÄDESTINIERT.

und Ladenhüter an Konsumenten zu verkaufen. eBay ist damit sowohl C2C- als auch B2C-Marktplatz. Diese erweiterte Positionierung wurde in erster Linie durch eine breit angelegte PR-Kampagne erreicht; Werbung spielte für die Aufgabe, den Fachhandel für eBay zu begeistern, auf Grund der ganz besonderen kommunikativen Herausforderungen nur eine untergeordnete Rolle. Das Beispiel eBay zeigt: Gerade die PR ist für die Positionierung einer Marke innerhalb einer engen und komplexen Zielgruppe prädestiniert.

Barrieren abbauen

Im Jahr 2002 zeichnete sich erstmals eine überdurchschnittlich hohe Nachfrage nach neuwertigen Waren bei eBay ab; in einigen Kategorien herrschte ein Mangel an hochwertigen Angeboten. Das Category-Management von eBay erkannte: Fachhändler in den unterschiedlichsten Branchen mussten für den Verkauf ihres Sortiments bei eBay gewonnen und langfristig gebunden werden. Doch im Fachhandel herrschte große Skepsis, da eBay den Händlern oft unbekannt war oder sie keine Ansatzpunkte für ihr Geschäft sahen. Zum Teil wurde eBay sogar als Bedrohung wahrgenommen, als Konkurrenz zum bestehenden stationären Handel.

Dabei nutzten einige Fachhändler eBay bereits sehr erfolgreich als zusätzlichen – manchmal sogar alleinigen – Vertriebskanal. In der Berichterstattung spiegelten sich diese Erfolgsgeschichten allerdings nicht wider. Viele Fachblätter sahen in eBay zudem Konkurrenz zu ihrem eigenen Anzeigenteil, der für sie eine wichtige Einnahmequelle bildet.

Die Lösung

Als das Category-Management an die eBay-Corporate-Communications-Abteilung und ihre PR-Agentur Weber Shandwick herantrat, sahen sie sich mit drei kommunikativen Herausforderungen konfrontiert: die Skepsis gegenüber dem Internet als Vertriebskanal zu überwinden, das angebliche Bedrohungspotenzial für den Handel zu entkräften und eine sehr heterogene Zielgruppe anzusprechen – unterschiedlichste Branchen mit differierenden Vertriebsstrukturen und inhaltlichen Anforderungen.

Fokussierung

Die Antwort auf die komplexe Aufgabe: Fokussierung bei gleichzeitiger Individualisierung. Erst diese Kombination ermöglichte Synergien und machte den Erfolg der gesamten Kampagne aus.

Die Fokussierung hat zum Ziel, die Stoßkraft der eingesetzten Mittel zu stärken. Fokussierung bedeutet: Die Kommunikation wird auf starke und wachsende, so genannte Key-Kategorien konzentriert, zum damaligen Zeitpunkt eBay Motors, Computer, Consumer Electronics, Business & Industrie, Spielzeug & Modellbau sowie Kleidung & Accessoires. Im Zentrum standen Fach- und Wirtschaftsmedien; diese „vertikale" Fokussierung machte das Besondere der Kampagne aus. Auf Grund der teilweise hohen Barrieren wurde eine dialogorientierte Kommunikation, die persönliche Ansprache, einer Massenansprache vorgezogen, um gerade skeptische Journalisten und Verbandsvertreter zu überzeugen. Und: Die Kernbotschaften wurden konsequent einfach gehalten. Im Mittelpunkt stand „eBay ist Partner des Handels", darunter wurden einige wenige Unterbotschaften subsumiert.

Darüber hinaus wurden durch einen modular einsetzbaren Kanon an PR-Maßnahmen die Kosten bei maximalem Output minimiert. Zur Verfügung standen: persönliche Anschreiben an Fachmedien, die auf eBay aufmerksam machten; Messekommunikation auf Leitmessen der Key-Kategorien wie zum Beispiel agritechnica, BauMa, CeBIT, Essen Motorshow, IAA, IFA, inhorgenta, ISPO, Metav, Orgatec, Photokina, Spielwarenmesse; Redaktionstouren bei Key-Medien durch Category-Management und PR sowie umfangreiches Pressematerial, das für jede Branche individualisiert wurde. Als besonders effektiv stellten sich Testimonials bereits erfolgreicher eBay-Händler heraus, denn sie halfen maßgeblich, die Vorbehalte der Branchen zu überwinden. Und schließlich Byliner & Advertorials, welche die Relevanz von eBay für bestimmte Branchen darlegten.

Individualisierung

Die Indivualisierung drückte sich im Instrumentenkanon aus. Denn die Auswahl der besten PR-Instrumente ist nur dann möglich, wenn man auf die Besonderheiten jeder Branche eingeht. Deswegen war Ausgangspunkt der Kampagne für jede Kategorie ein intensiver, meist ganztägiger Workshop mit den jeweiligen Vertretern des Category-Managements von eBay, um die Besonderheiten der einzelnen Branche zu erörtern und die konkreten Ziele zu definieren. Für jede Kategorie entwickelten eBay und Weber Shandwick ein eigenes PR-Konzept. Jede Branchenkampagne verlief

Dreilinden, Brandenburg bei Berlin, der Sitz von eBay in Deutschland

in drei aufeinander aufbauenden Phasen, um so die Fachmedien und die Händler Schritt für Schritt an eBay heranzuführen: von Awareness über Relevanz bis Effizienz.

Schritt eins der Kampagne sollte Aufmerksamkeit in den Fachmedien für das Thema eBay wecken, meist durch das Betreten von „eBay-untypischen" Terrains wie Fachmessen oder Branchentreffen. Auftakt war in der Regel ein Mailing an Fachmedien, das über eBay und seine Bedeutung für den Onlinehandel der Branche aufklärte. Es folgten Messeauftritte und begleitende Presseveranstaltungen: Das Auftreten von eBay in einem unerwarteten Rahmen erzeugte Aufmerksamkeit. So lud eBay zum Beispiel die Presse im Januar 2003 auf der Spielwarenmesse zu einer Pressekonferenz unter dem Motto „eBay spielt mit" ein. Die Verwunderung unter den Journalisten war groß, aber auch die Resonanz und das Interesse. eBay konnte Kontakte zu Key-Medien knüpfen und erste Byliner platzieren. Das Thema Vertriebskanal eBay wurde in der Branche verankert. Ganz wichtig: Die Berichterstattung hatte Signalwirkung über die Spielwarenbranche hinaus und stärkte das Interesse des Handels und von Unternehmen am Vertriebskanal eBay.

Relevanz

Nach der Awareness galt es zu belegen: eBay ist ein seriöser Absatzkanal für Fachhändler, der gutes Geschäft verspricht. Dies wurde in erster Linie durch eine vertiefende Messekommunikation, durch Pressegespräche, Interviews oder Redaktionstouren, durch die Platzierung von eBay-Händler-Testimonials und Namensbeiträgen erreicht. Diese Maßnahmen hatten in erster Linie das Ziel, den Händlern nützliche Informationen für den Einstieg bei eBay an die Hand zu geben. Zum Launch der Kategorie „Medikamente", wo Apotheker mit nicht verschreibungspflichtigen Medikamenten handeln, im Juli 2004 wurde beispielsweise eine breit angelegte Redaktionstour bei meinungsbildenden Medien durchgeführt. Hintergrundmaterial für die Fach- und Wirtschaftspresse sowie die tagesaktuellen Medien und ein Porträt über einen bei eBay verkaufenden Apotheker illustrierten den Sachverhalt.

Effizienz

In der dritten Phase wurde gezeigt, wie sich mit Hilfe von Softwaretools der Geschäftserfolg der Händler steigern lässt. Ähnlich wie in der Relevanzphase wurde über Messepräsenz, Hintergrundgespräche, platzierte Artikel und Händlerporträts detailliert gezeigt, welche Softwaretools zur Vereinfachung des Verkaufs zur Verfügung stehen und wie sie vom Handel effizient eingesetzt werden können. Ein großer Erfolg war beispielsweise der Messeauftritt von eBay im „Planet Reseller" der CeBIT 2004. Nachdem 2003 auf der CeBIT die Relevanz von eBay für den Computerfachhandel etabliert worden war, konzentrierte sich die Kommunikation im Folgejahr auf eBay-eigene Tools und Angebote sowie die Dienstleistungen externer Partner. Auf dem im Fachhändlerbereich „Planet Reseller" gelegenen Messestand wurden Softwarepartner mit eingebunden. Neben gemeinsamen Hintergrundgesprächen auf der Messe wurde im Key-Medium der Computerfachhändler, der ComputerReseller-News, eine 12-teilige Artikelserie zum Thema „Effizientes Handeln bei eBay" als Advertorial platziert. Diese Trennung der Kommunikationsphasen und die damit einhergehende klare Differenzierung der Kernbotschaften waren maßgeblich für den Erfolg der Kampagne. Es wurde nicht versucht, alle Botschaften gleichzeitig zu vermitteln. Erst als die Key-Messages einer Phase in der Berichterstattung einer Branche Niederschlag fanden, wurde die nächste Stufe der Kommunikation umgesetzt.

Die dreistufige Kampagne dauerte insgesamt rund zweieinhalb Jahre, von Herbst 2002 bis Ende 2004. Diese Laufzeit erklärt sich durch die Hetero-

> „Gerade bei komplexen Kommunikationsaufgaben zeigen oft bewusst einfache und systematische Herangehensweisen die besten Ergebnisse – ohne dass dabei Abstriche bei der inhaltlichen Tiefe gemacht werden müssen."

genität der Zielgruppen. Die Herausforderungen für eBay und Weber Shandwick waren zum Teil immens: Die unterschiedlichsten Branchen – von Spielzeug bis Autoteile – mussten individuell angesprochen werden, teilweise war das Misstrauen bei Fachmedien, Händlern und Verbänden groß. Die stark dialogorientierte Kommunikation konnte aber die Vorbehalte beseitigen.

Businesserfolge durch PR

Die Positionierung war schnell erreicht: Bereits das Pressefrühstück auf der Spielwarenmesse 2003 strahlte auf andere Branchen ab, und spätestens nach der Presseveranstaltung auf der CeBIT 2003 war eBay als Vertriebskanal in zahlreichen Branchen- und Wirtschaftsmedien bekannt. Die Berichterstattung stieg rasant an. Innerhalb eines Jahres schrieben alle relevanten Fachmedien der Key-Kategorien über den Vertriebskanal eBay.

Das Hauptziel war trotz der komplexen Ausgangslage erreicht. Die Doppelstrategie aus Fokussierung und Individualisierung vermochte die komplexe kommunikative Aufgabe der Positionierung zu erreichen. Das Ergebnis der Kampagne zeigt: Gerade bei komplexen Kommunikationsaufgaben zeigen oft bewusst einfache und systematische Herangehensweisen die besten Ergebnisse – ohne dass dabei Abstriche bei der inhaltlichen Tiefe gemacht werden müssen. Einfach und differenziert zugleich.

Doch der Erfolg der Kampagne lässt sich nicht nur in Clippings, sondern vor allem in Zahlen messen. Einige ausgewählte Beispiele: Innerhalb der Kategorie Spielwaren konnte eBay eine Vertriebskooperation mit LEGO verzeichnen; weitere Unternehmen wie das Versandhandelsunternehmen Quelle oder die Bahr-Baumärkte entdeckten eBay als Vertriebskanal. In der Kategorie Gesundheit haben sich innerhalb von acht Monaten 130 Apotheken für den Verkauf von OTC-Medikamenten zertifizieren lassen. Die Kategorie Computer hat durch die kontinuierliche PR-Arbeit inzwischen eine der höchsten Dichten an Vielverkäufern, den so genannten PowerSellern. Unter ihnen sind zahlreiche professionelle Händler.

Aber ganz entscheidend: Das Hauptziel der Kommunikation wurde erreicht. Die Zahl der Fachhändler bei eBay stieg derart, dass in einigen Kategorien bereits nach einem halben Jahr die Nachfrage durch entsprechende Angebote befriedigt wurde; die übrigen Kategorien folgten sukzessive. Anfang 2004 stellte eBay die Händlerkampagne zwar nicht ein, reduzierte sie gleichwohl in ihrer Intensität stark. Inzwischen halten sich angebots- und nachfragestimulierende PR-Maßnahmen für eBay die Waage. Der Erfolg von PR-Arbeit kann und muss sich messen lassen, nicht nur in Form von Clippings, sondern daran, wie strategische Geschäftsziele erreicht werden. Die gemeinsame PR-Arbeit von eBay und Weber Shandwick belegt, dass es geht. <

METRONET

Vom Nobody zum Markt- und Themenführer

Überraschen! Beeindrucken! **Nerven** bis zum Hochzeitstag!

Von Beate McGinn

VERTRIEBSORIENTIERTE PR

> Am 11. Januar 2002 – mitten in der Investitionsflaute nach dem Platzen der Dotcom-Blase und ein Jahr vor dem technischen Start der UMTS-Testbetriebe in Europa – startete in Wien ein Unternehmen, das niemand kannte, das eine Dienstleistung anbot, die niemand kannte (mobiler und drahtloser Hochgeschwindigkeitsinternetzugang an öffentlichen Plätzen mit Hilfe des eigenen Notebooks), das mit einer Technologie (WLAN) arbeitete, die allenfalls eine Hand voll IT-Experten kannte, und das mit dem hart Ersparten und dem breit gefächerten Know-how der sieben Gründer kapitalisiert war.

Die strategischen Ziele des Unternehmens waren eindeutig: metronet wird der erste kommerzielle WLAN-Hotspot-Provider in Europa, metronet wird Markt- und Themenführer bei WLAN-Hotspots in Österreich und Themenführer in Teilen Europas, und hier vor allem in Deutschland, Skandinavien, der Schweiz und Großbritannien, und metronet wird binnen zwei Jahren von einem Telekom- oder IT-Provider gekauft.

Kommunikation ist Hirnarbeit, keine Budgetschlacht

Das öffentliche Interesse an mobiler Kommunikation war zum Zeitpunkt der Gründung in Österreich und Europa hoch, aber auf Mobiltelefone und die Technologien GSM/GPRS beziehungsweise die „Hoffnung" UMTS konzentriert. Telekom- und IT-Provider investierten jährlich zwei- bis dreistellige Millionen-Euro-Beträge in Kommunikation. Das Budget für Kommunikation war bei metronet mit 35.000 Euro für 2002 und weiteren 40.000 Euro für 2003 begrenzt. Die Kommunikationsarbeit wurde im Wesentlichen von einer Person erbracht, die diese Leistung als Mitgründerin von metronet in Form einer Gesellschaftereinlage einbrachte.

Der Kommunikationsmanager von metronet war in sämtliche Managemententscheidungen eingebunden und konnte die Kommunikation genau planen, steuern und durchführen. Gemeinsam mit den übrigen Gesellschaftern, die alle auch Schlüsselfunktionen bei metronet ausübten, wurde die Kommunikationsroute festgelegt. Die Kommunikationsstrategie lautete gemäß den Unternehmenszielen: Überraschen! Beeindrucken! Nerven bis zum Hochzeitstag!

Die großen Telekom- und IT-Unternehmen standen als potenzielle Käufer des Unternehmens im Zentrum der Kommunikation. Sie sollten via Medien und Expertengruppen von metronet überrascht und mit nachweisbaren Erfolgen – WLAN funktionierte bereits 2002 im Gegensatz zu UMTS, außerdem ist WLAN schneller in der Datenübertragung, und noch dazu ist WLAN billiger – so lange beeindruckt werden, bis einer die „attraktive Braut" heiraten würde. WLAN wurde dabei nie als Konkurrenz zu UMTS dargestellt, sondern als funktionierende Ergänzung!

Es war klar, dass metronet gegen die mediale und vor allem werbliche Übermacht der Telekom- und Internetprovider nicht mit Quantität, sondern nur mit Qualität, Tempo und Originalität punkten konnte. Folgende einzigartige, überraschende und überprüfbare Aspekte sollten in der Kommunikationsarbeit wirken:

- KLEIN versus GROSS: Ein kleines, privat finanziertes Unternehmen ist WLAN-Pionier in Europa und nicht ein großes Unternehmen wie am WLAN-Markt in den USA.
- TRADITION versus INNOVATION: 20 traditionelle Wiener Kaffeehäuser sind die ersten Hotspots des ersten kommerziellen WLAN-Netzes Europas.

- TATEN statt WORTE: Am Tag der Startpressekonferenz funktioniert das WLAN-Netz. metronet ist kein Ankündiger, sondern ein Macher (Problem bei UMTS).
- SCHNELL & BILLIG versus LANGSAM & TEUER: Die WLAN-Technologie bietet schnellere Datenübertragung und ist dennoch kostengünstiger als UMTS und GPRS.

Folgende Dialoggruppen wurden einbezogen:

- Telekom- und IT-Journalisten in Österreich, Deutschland, der Schweiz, Skandinavien, Großbritannien und den Vereinigten Staaten
- Topentscheider in Telekom- und IT-Unternehmen in Europa
- Telekom- und IT-Analysten in Europa
- Technikfreaks am österreichischen Markt (Beschäftigte der IT- und Telekombranche, Geschäftsleute, Studenten)
- Partner, bei denen Hotspots errichtet wurden bzw. werden sollten (z.B. Hoteliers)
- Partner zur Vermittlung der technischen Kompetenz von metronet und als indirekte Vertriebskanäle von metronet (z.B. Intel, Microsoft, HP)
- metronet-Mitarbeiter und deren Familien

Die Kommunikation basierte nach Schaffung des markanten Corporate Designs auf drei wesentlichen PR-Instrumenten: Medienarbeit, Onlinekommunikation (Website und Newsletter) und Zielgruppenveranstaltungen.

Kommunikation ist präzise Knochenarbeit

Die Kommunikationsmaßnahmen folgten konsequent der 3-Step-Strategie: Überraschen! Beeindrucken! Nerven bis zum Hochzeitstag! Am Beispiel der Medienarbeit, die zu fast 90 Prozent in Deutsch und Englisch und zu 80 Prozent via E-Mail erfolgte, lässt sich der Erfolg der Strategie am deutlichsten ablesen:

Startpressekonferenz am 11. Januar 2002 im Wiener Traditionskaffeehaus und metronet-Hotspot Landtmann mit 42 Teilnehmern auch aus dem Ausland. Bis dahin wusste niemand in der IT- und Telekombranche vom metronet-Start. Die Überraschung gelang. Die News-Kombination „Innovative Technologie im traditionellen Kaffeehaus" ergab 146 ausführliche Berichte im In- und Ausland, in Printmedien, TV, Radio und online. metronet war damit als erster kommerzieller WLAN-Hotspot-Provider Europas in Österreich, Deutschland, Skandinavien, den USA, ja sogar – dank Agence France Presse – in Australien, Indien und im Nahen Osten ein Begriff in der Telekom- und IT-Branche. Doch die Branche war skeptisch und prophezeite metronet kein langes Leben. Aber WLAN war plötzlich Thema, und metronet war bereits nach dem ersten Presseauftritt Themenführer in Österreich, Deutschland und Skandinavien, was zahlreiche Folgeinterviews und Testbesuche von Journalisten bewiesen.

Von nun an informierte metronet im Monatsintervall und beeindruckte mit nachweisbaren Leistungen:

teliers für die Installation eines metronet-Hotspots interessiert werden.

- Drahtlos Surfen im Freien – in Schanigärten und Am Graben in Wien.
- Drahtloses Surfen an österreichischen Flughäfen (Graz, Linz, Salzburg, Klagenfurt). Flughäfen zählen ebenfalls zu den wertvollsten Hotspots. Der Flughafen Wien plante zu dieser Zeit eine eigene Lösung und wollte nicht mit metronet kooperieren. Die Flughäfen in den Bundesländern konnten dank metronet den mächtigen Flughafen Wien „überholen" und bekamen Publicity.

Der Erfolg des im Januar 2002 in Wien gestarteten und im November 2003 an T-Mobile verkauften WLAN-Hotspot-Providers metronet basiert auf einer innovativen Geschäftsidee, auf deren rascher technischer Umsetzung und auf einer strategisch integrierten Kommunikation. Die Ziele des Unternehmens lauteten: metronet wird der erste kommerzielle WLAN-Hotspot-Provider in Europa, metronet wird Markt- und Themenführer bei WLAN-Hotspots in Österreich und Teilen Europas, und metronet wird binnen zwei Jahren von einem Telekom- oder IT-Provider gekauft.

- 22. Februar 2002: Start von 19 Hotspots in der Steiermark, dem ersten Bundesland nach Wien.
- 24. März 2002: Erste Radiosendung weltweit, die via WLAN ausgestrahlt wird. Der reichweitenstärkste (40,5 Prozent) ORF-Radiosender Ö3 sendet den „Treffpunkt Ö3" aus dem Grazer Café M1 volle drei Stunden drahtlos: Ton, Webcam und Chat!
- Sieben österreichische Business- und Luxushotels mit drahtlosem Internetservice. Hotels zählen zu den wertvollsten Hotspots und steigern den Unternehmenswert von metronet; außerdem sollten über diese Presseinformation weitere Ho-
- Österreich hat das dichteste öffentliche WLAN-Netz der Welt. Die Datenanalyse für diese Behauptung stammte nicht von metronet, sondern von einem WLAN-Spezialmagazin („brain heart") aus Skandinavien, mit dem metronet einen sehr engen Informationsaustausch pflegte. Das Brainheart-Ranking basierte auf der Anzahl von Hotspots pro Land, wobei Österreich auf Platz vier landete. metronet stellte die Hotspot-Anzahl in Relation zur Bevölkerung – und schon war Österreich weltweite Spitze. Diese Presseaussendung rüttelte die Telekommunikationsbranche in den USA und Europa kräftig wach.

- 13. Juni 2002: metronet bietet Studententarif für nur 6 Euro pro Monat. Studenten sind neben Businesskunden eine wichtige Zielgruppe für den mobilen Internetzugang, an die beim Stichwort WLAN damals keiner dachte, metronet schon.
- 17. Juni 2002: SmartVenture beteiligt sich zu 6,5 Prozent an metronet. Die Beteiligung bringt weiteres Geld für den Netzausbau. Die Telekommunikationsunternehmen und Internetprovider glauben nicht mehr an den baldigen Tod von metronet.
- Drahtloses Internet in 21 Accor-Hotels in ganz Österreich. Accor ist damit die erste Hotelkette mit metronet-Hotspots. Andere Hotelketten wollten nicht nachstehen und meldeten Interesse an.
- 6. September 2002: Zweite (und letzte) Pressekonferenz zu metronet.home – dem weltweit ersten WLAN-ADSL-Kombiprodukt für drahtloses Internet daheim und unterwegs. metronet punktet wieder mit einer kleinen Weltneuheit: Drahtloser Internetzugang ist ja auch für zu Hause oder im Büro sehr praktisch. Die Pressekonferenz fand im Loft des metronet-Geschäftsführers statt.
- metronet nun auch am Flughafen Wien. Der Flughafen Wien, dessen eigenes WLAN noch nicht in Betrieb war, erfuhr davon aus der Zeitung. metronet stand dank einer Hotspot-Montage im Flughafenrestaurant im medialen Blickfeld.
- Im Oktober 2002 führte das Marktforschungsunternehmen marketagent.com eine Onlineumfrage zu Internetserviceprovidern in Österreich durch, wobei metronet einen gestützten Bekanntheitsgrad von 6,4 Prozent erreichte. Ein Achtungserfolg für ein neun Monate junges Unternehmen, das keine klassische Werbung einsetzt.
- 18. November 2002: T-Mobile wird metronet-Kooperationspartner! Ein besonders wichtiger Schritt in Richtung Hochzeit. Weitere Telekom- und Internetprovider klopften nun wegen Kooperationen an die Tür.
- 13. Dezember 2002: Österreichs Autobahnen werden Wireless Highways: Die Rosenberger-Autobahnstationen bieten metronet-Service. Ab jetzt hieß es Größe zeigen: metronet hat die meisten Hotspots, die meisten Roamings im In- und Ausland und so weiter.
- Wien hat mehr Hotspots als New York und San Francisco. Dieses Ranking basierte auf einer aufwendigen Recherche durch metronet und fand breiten Niederschlag in nationalen wie internationalen Medien.
- OMV eröffnet mit metronet die ersten drahtosen „Datentankstellen" Europas. Schon wieder eine kuriose Meldung, die auf großes Staunen stößt. Auch in Deutschland, wo einige Monate später Ähnliches passierte.
- Wireless Weiterbilden auf 23.000 Quadratmetern Seminarfläche (in 80 Hotels und Konferenzzentren).
- 17. April 2003: Austria Hotels International sind die zweite Hotelkette mit metronet-Service.
- Dorint ist die dritte Hotelkette mit metronet; 280 Hotspots in Betrieb.
- Die Verkaufsverhandlungen mit sechs Interessenten starten Ende Juni 2003! In der Medienarbeit blieb metronet am Drücker und beeindruckte mit News.
- metronet startet Kooperation mit zweitem Mobilfunkprovider: One.
- Erstes internationales Roaming-Abkommen von metronet mit Telia-Sonera.
- eTel startet WLAN-Kooperation mit metronet. Ab diesem Zeitpunkt verhandelte metronet mit drei Kaufinteressenten.
- ORF wird erster großer Firmenkunde von metronet.
- metronet erweitert WLAN-Roaming auf 1.200 Hotspots in zwölf Ländern.

SANFTE ORCHESTRIERUNG

Neben der klassischen Medienarbeit wurden folgende Instrumente eingesetzt:

ONLINEKOMMUNIKATION:

- www.metronet.at: Das Kernstück der Kommunikation und Information von und mit metronet stand in einer englischen und einer deutschen Version zur Verfügung. Sie war die Plattform aller metronet-Aktivitäten.
- E-Mail-Newsletter: Auf der Homepage von metronet konnten sich Interessierte für den Newsletter von metronet eintragen.
- Hotspot-Partner-e-Newsletter: Die Hotspot-Partner (Hoteliers, Flughäfen) wurden regelmäßig über die Entwicklungen bei metronet informiert.

ZIELGRUPPENVERANSTALTUNGEN (Auswahl):

- BIG DAYS 2002 und 2003 von Microsoft in Wien, Linz, Graz, Bregenz (900 IT-Fachleute). Microsoft Austria war ein strategischer Partner von metronet.
- ÖJC Österreichischer Journalisten Club-Info-Mailing mit Spezialangebot für Journalisten und Veranstaltung in den Clubräumen.
- JUSTITIA-Gala 2002 und 2003: Bei der Verleihung der Justitia (für die beste Website mit juristischem Inhalt) war metronet Sponsor und sorgte für die drahtlose Internetpräsentation.
- Ecetera & Brokerjet: Finanzmanagern, Bankern und der gesamten „Geldbranche" wurde in gemeinsamen Veranstaltungen und durch ein Spezialangebot auf der Website von Brokerjet der metronet-Service vorgestellt.
- GEWINN-Messe in Wien im Oktober 2003: DER „Stell-dich-ein"-Event für Investoren, Anlageberater, große Unternehmen im zentraleuropäischen Raum. INTEL und metronet sind als strategische Partner mit einem gemeinsamen Stand präsent und richten einen großen Messe-Hotspot ein.

VORTRAGSARBEIT (Auswahl):

- Mobile World in Berlin, Juni 2002
- 802.11b Planet Conference & EXPO in München, November 2002
- WLAN in Public and Corporate Networks Kongress in Berlin, Dezember 2002
- New Business Strategies for WLAN Services Kongress in Stockholm, Januar 2003

Jeweils der einzige Vortrag eines österreichischen Unternehmens!

GEDRUCKTE INFORMATIONSMEDIEN:

- metronet-Mini-Flyer (Auflage: 50.000)
- Free-Cards (Auflage: 50.000)

INTERNE KOMMUNIKATION:

- Website von metronet mit geschütztem internem Infosystem
- Jour fixe wöchentlich: Kernteam von sechs Personen (Gründer/Managementteam)
- metronet night: Entspannungsabend für alle Mitarbeiter sowie deren Partner und Partnerinnen – in einem Pub!

- Neue Produkte: metronet-Tageskarte und 4GB metronet.home.
- 29. November 2003: T-Mobile übernimmt den österreichischen WLAN-Marktführer metronet. 22 Monate nach dem Start war das letzte Ziel erreicht: Im November 2003 kaufte T-Mobile den WLAN-Pionier metronet.

Über 22 Monate beherrschte metronet die WLAN-Berichterstattung: in Österreich 1.545 Berichte mit ausschließlich positivem Inhalt (Printmedien, TV, online, Radio), im Ausland, vor allem in Deutschland, 387 Berichte (unter anderem Spiegel, Wirtschaftswoche, Handelsblatt, Focus, ZDF, Hindustani Times, Gulf News).

Die potenziellen Käufer standen im Zentrum der Kommunikation. Sie basierte auf einem markanten Corporate Design, Medienarbeit, Onlinekommunikation und Zielgruppenveranstaltungen. Nach 22 Monaten und knapp 2.000 Medienberichten – 25 Prozent davon außerhalb Österreichs – waren alle Ziele erreicht. Die Rendite des eingesetzten Kapitals lag bei mehreren Tausend Prozent. <

Dr. Viktor Bauer Public Relations GmbH
Starbucks Coffee Company

Markteintritt unter PR-Führerschaft

Die **Einführung** der Marke „Starbucks" in Österreich

Von Viktor Bauer

VERTRIEBSORIENTIERTE PR

> Starbucks, so, wie wir es heute kennen, ist rund 20 Jahre alt. Eine Geschäftsreise nach Italien inspirierte den Marketingfachmann Howard Schultz, der bei einer kleinen Kaffeerösterei namens Starbucks in Seattle arbeitete, im Jahr 1982 dazu, nicht nur Bohnen zu verkaufen, sondern auch Kaffee auszuschenken. Die Tradition, Liebe und Leidenschaft der Mailänder Baristas zum Espresso faszinierten ihn.

Howard Schultz ist heute Hauptanteilseigner und Chief Global Strategist des Unternehmens. Es gelang ihm, die kleine Spezialitätenkaffeerösterei in Seattle zur international größten Coffee-Shop-Kette auszubauen. Die Expansion begann 1987 mit Coffee Houses in Vancouver, Kanada, und Chicago. Im Juli 2001, als der Markteintritt in Österreich bekannt gegeben wurde, führte Starbucks insgesamt 4.750 Coffee Houses in Nordamerika, im asiatisch-pazifischen Raum und im Nahen und Mittleren Osten. Heute werden rund 5.770 Starbucks Coffee Houses weltweit in 31 Ländern von mehr als 20 Millionen Kunden wöchentlich besucht.

Die Marke Starbucks zählt im jährlichen Ranking von BusinessWeek und Interbrand zu den 100 Topmarken der Welt. Der Wert der Marke steigt kontinuierlich, von 2001 auf 2002 um 12 Prozent. Klassische Werbung spielt beim Markenaufbau nur eine untergeordnete Rolle. Statt Millionen US-Dollar in teure Imagewerbung zu pumpen, setzt Starbucks auf dialogorientierte, integrierte Kommunikation, auf Mundpropaganda sowie auf die Imagewirkung seiner Coffee Houses und auf produktspezifische Promotions, die am Point of Sale beworben werden. Auch die Ausbildung der Mitarbeiter – bei Starbucks Partner genannt – zu Botschaftern guten Kaffees ist Teil der Markenbildung.

Interessanterweise erfolgte der Markteintritt von Starbucks in Kontinentaleuropa nicht in Deutschland oder Frankreich, sondern in der Schweiz und Österreich. Ja, ausgerechnet in Österreich, wo die Kaffeehaustradition ein wesentlicher Teil des kulturellen und gesellschaftlichen Lebens ist. In ganz Österreich gibt es rund 14.400 Kaffeehäuser oder so bezeichnete Buffets und Gaststätten. Wien, die „Welthauptstadt des Kaffeehauses", verzeichnet über 3.000 Kaffeehäuser. Durchschnittlich kommen 530 Einwohner auf ein Kaffeehaus. Was den Kaffeekonsum betrifft, liegt Österreich gleich hinter Italien und Frankreich: Der Heim- und Außer-Haus-Konsum von Kaffee beträgt jährlich 8 Kilo pro Kopf. Außer Haus – in Bars,

Der Aufbau von Marken und die Erreichung eines möglichst hohen Bekanntheitsgrades wird von der Marketingtheorie meistens als Aufgabe der klassischen Werbung angesehen. Das Projekt beschreibt eine Markteinführung ohne Einsatz klassischer Werbung, ausschließlich mit Mitteln der PR. Die Einführung der Starbucks-Kette in Österreich bietet ein hervorragendes Beispiel dafür, was PR als Motor einer Markeneinführung leisten kann. Das Ergebnis waren fast 400 Artikel und Berichte in Printmedien und elektronischen Medien in nur einem Jahr. Der Bekanntheitsgrad stieg in Wien binnen eines Jahres von 4 auf 43, nach eineinhalb Jahren sogar auf 62 Prozent. Die Arbeit wurde von führenden PR-Fachleuten Europas als „Best Practice" eingestuft und mit dem österreichischen Staatspreis für Public Relations 2002 und dem Deutschen PR-Preis 2003 ausgezeichnet.

Cafés und Gaststätten – trinkt der Österreicher durchschnittlich rund 1.000 Tassen pro Jahr.

Public-Relations-Ziele

Das übergeordnete Ziel des Projektes war der rasche Aufbau der Markenbekanntheit von Starbucks in Österreich. Auf klassische Werbung wie Zeitungsinserate, Plakate, Hörfunkspots und so weiter verzichtete Starbucks. Vor der Eröffnung des ersten Starbucks Coffee Houses im Dezember 2001 waren die wichtigsten Markenbotschafter – das Coffee House selbst, die Partner (Angestellten) und die Produkte – noch nicht vorhanden. Bis Dezember 2001 fand der Markenaufbau ausschließlich mit den Mitteln dialogorientierter Kommunikation, in erster Linie klassischer Pressearbeit, statt. Mit der Eröffnung des ersten und weiterer Standorte trugen auch die Starbucks Coffee Houses selbst, die dort platzierten Point-of-Sale-Materialien, die Mitarbeiter und die Kunden zur Steigerung des Bekanntheitsgrades bei.

Bekanntheit und Image

Jede globale Marke muss beim Eintritt in einen neuen Markt in der lokalen Kultur verankert werden. Aus diesem Grund wurden gemeinsam mit Starbucks Österreich und der Marketingabteilung des Konzerns für das erste Jahr folgende externe PR-Ziele definiert:

- Aufbau und Steigerung des Bekanntheitsgrades des Namens Starbucks in Österreich: Im Sommer 2001 ist Starbucks in Österreich nur USA-Reisenden ein Begriff. Für den Markenaufbau sind die rasche Steigerung der Bekanntheit des Namens Starbucks und die Erzielung eines maximalen Aufmerksamkeitswertes wesentliche Kriterien.
- Imageaufbau: Starbucks als authentische, unverwechselbare Marke in der österreichischen Gesellschaft positionieren. Das bedeutet die Verankerung der Core-Values der Marke Starbucks (Kaffeequalität, Coffee House, soziales Engagement) im Bewusstsein breiter Bevölkerungsschichten.
- Abbau von Vorurteilen gegenüber einem amerikanischen Unternehmen, wie die Assoziierung mit Fastfood und Kaffee aus Pappbechern.
- Erwartete Kritik und möglichen Gegenwind abfangen: In Wien, wo die Kaffeehaustradition hochgehalten wird, braucht eine globale Coffee-House-Kette

Eine gut angelegte PR-Kampagne kann auch den Werbemarkt wesentlich beeinflussen und eine Erhöhung der Werbeetats auslösen: Im Jahr nach der PR-Kampagne von Starbucks stieg der Werbeaufwand für Kaffee in Österreich um 35 Prozent.

Strategien, um Argumenten der Konkurrenz – alteingesessene Kaffeesieder sowie andere Coffee-Shop-Ketten – den Wind aus den Segeln zu nehmen. Die besten Strategien sind solche, die möglicher Kritik zuvorkommen.

- Mitarbeiter für das Unternehmen interessieren und begeistern: Die Mitarbeiter in einem Starbucks Coffee House sind die wichtigsten und ersten Botschafter der Markenidentität. Sie sind polyglott, weltgewandt und haben ein hohes Bildungsniveau. Auf Grund der Expansion stellt Starbucks laufend neue Mitarbeiter ein, die sorgfältig ausgewählt werden.

Die Strategie

Die Strategien der PR-Kampagne zur Markteinführung von Starbucks in Österreich waren:

- PR als Motor im Prozess der Markteinführung
- Pressearbeit als Ideengeber
- Rasche Aktionen zur Steigerung der Bekanntheit durch große Medienpräsenz noch vor der Eröffnung des ersten Starbucks Coffee Houses
- Österreichspezifische Inhalte der Markenbotschaften entwickeln:
  - Starbucks kommt als Ergänzung der österreichischen Kaffeehaustradition.
  - Für die Österreicher als Kaffeekenner ist Starbucks ein neues Angebot.
  - Starbucks spricht ein anderes Publikum an als traditionelle Kaffeehäuser.
- Kommunikative Inhalte für die Marke Starbucks schaffen:
  - Die Wiener und ihr Kaffeehaus
  - Kaffeequalität
  - Nichtrauchen/Rauchen im Kaffeehaus
  - Bedeutung von Kaffee für die Österreicher
- News- und medienrelevante Inhalte für die Marke Starbucks schaffen:
  - Der größte Kaffeekonzern der Welt kommt in die Welthauptstadt des Kaffeehauses.
  - Das soziale Engagement von Starbucks.
- Informationsvorsprung durch Marktforschung
- Themenführerschaft übernehmen: selbst agieren und andere reagieren lassen
- Langfristigen Dialog mit den Zielgruppen initiieren
- Vermittlung der Core-Values, die Starbucks ausmachen
- Aktualität aufbauen, Nachrichten generieren
- Produkt-PR
- Ausschließlich redaktionelle Berichterstattung in den Medien

Die Maßnahmen

Die Maßnahmen im ersten Jahr der Markteinführung von Starbucks in Österreich waren so konzipiert, dass sie zur Erfüllung des Zieles „Aufbau der Markenbekanntheit" maximal beitrugen. Die Strategie lautete, dieses Ziel durch größtmögliche Medienpräsenz bei ausschließlich redaktioneller Berichterstattung zu erreichen. Die Pressearbeit trug daher den Hauptanteil und machte insgesamt über 60 Prozent aus.

Vor allem im Hinblick auf die Ziele „Markenaufbau und Imagevermittlung" ergänzten Social Sponsoring, Lobbying sowie Vorträge, Podiumsdiskussionen und zielgruppenorientierte PR-Aktionen vor Meinungsbildnern sowie Schülern und Studenten den Maßnahmenmix der PR-Arbeit. Imagebildende Aktionen der Marketingleitung und verkaufsfördernde Maßnahmen am Point of Sale machten die Gesamtkommunikation komplett.

DAS WIENER KAFFEEHAUS: WUNSCHPROFIL
Angaben in Prozent

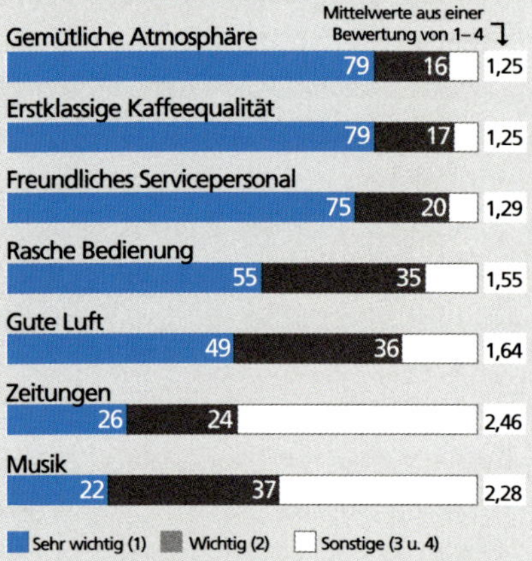

Quelle: Österreichisches Gallup-Institut. 400 Interviews repräsentativ für die Wiener Bevölkerung ab 14 Jahren, Dezember 2001.

Pressearbeit

Mit einer Startpressekonferenz aus Anlass der Bekanntgabe des Joint Ventures am 4. Juli 2001, dem Unabhängigkeitstag der USA, fiel der Startschuss zum Markteintritt.

Die Pressekampagne vor der Eröffnung des ersten Starbucks Coffee Houses war darauf abgestimmt, gleichzeitig ein möglichst großes Medienecho und möglichst große Breitenwirkung zu erzielen. An einer Pressereise zum Coffee-Tasting nach Zürich beteiligte sich eine große Journalistengruppe sowohl von Tageszeitungen als auch der Fachpresse. Die Pressereise zur Konzernzentrale nach Seattle war für Wirtschaftsjournalisten konzipiert. Eine Presseaussendung zur Eröffnung des Büros in Wien und Einzelgespräche mit führenden österreichischen Journalisten zu Themen wie Franz Holzschuh als CEO, Karriere bei Starbucks, Geschichte des Konzerns und Markenidentität waren weitere Bausteine der Kampagne im ersten halben Jahr.

Nach der Eröffnung des ersten Coffee Houses am 8. Dezember 2001, die ein Presse- und Gesellschaftsevent war, lag der Schwerpunkt der Pressearbeit auf dem Aufbau von Themenführerschaft in den Bereichen Kaffeehaus und Kaffee. Noch im Dezember 2001 gab Starbucks eine Umfrage in Auftrag, die die Einstellung der Wiener zum Kaffeehaus und die Kaffeegewohnheiten der Österreicher untersuchte. Die Motivation lag darin, mit den wichtigen Themen Kaffeehaus und Kaffeegewohnheiten sowohl in der Presse wie beim Mitbewerb und den Interessenvertretungen Themenführerschaft zu erlangen.

Die Umfrage löste ein starkes Medienecho aus und bewirkte eine breite Diskussion über die Liebe der Wiener zum Kaffeehaus, die Kaffeequalität in Kaffeehäusern, das Rauchen und Nichtrauchen dort sowie über die Kaffeegewohnheiten der Österreicher.

Krisenkommunikation im Hinblick auf geplante Proteste von Umweltschützern aus Anlass der Hauptversammlung von Starbucks International sowie Produkt-PR und die pressemäßige Aufbereitung der Sponsoringaktivitäten von Starbucks Österreich komplettierten die Presseaktionen im ersten Jahr.

Die Evaluierung

Der Erfolg der Aktionen zur Markteinführung lässt sich direkt am Bekanntheitsgrad der Marke messen. Das Ergebnis der Umfragen zur Ermittlung des Bekanntheitsgrades lautet: In einem halben Jahr stieg die Markenbekanntheit von Starbucks in Wien von 4 auf 27 Prozent. Nach einem Jahr betrug sie bereits 43 Prozent, nach eineinhalb Jahren 62 Prozent (in der Zielgruppe Studenten sogar 80 Prozent). Diese Steigerung ist das Ergebnis themenorientierter PR.

Außergewöhnlich – auch aus Sicht der PR-Theorie – ist, dass der Erfolg dieser Kampagne ausschließlich den PR-Maßnahmen zugeordnet werden kann. Bei der Einführung der Marke Starbucks in Österreich handelte es sich im ersten Jahr um eine lupenreine PR-Kampagne. Das Ergebnis der Evaluation wird nicht – wie bei Markteinführungen üblich – durch Aktionen klassischer Werbung beeinflusst.

Wie effektiv die Pressearbeit in diesem Fall war, zeigt die Erfolgskontrolle anhand eines vertieften Kommunikationscontrollings für das erste Jahr:

- Quantitatives Kommunikationscontrolling:
  - 359 Presseartikel in Printmedien (Österreich, Deutschland, Japan, USA)
  - 67 Internetdiskussionen
  - 22 Radioberichte
  - 7 Fernsehberichte
- Werbeäquivalent Print: 1,152 Millionen Euro (ohne Farb- und Platzierungszuschläge).
- Werbeäquivalent Print: 3,3 Millionen. Euro (inkl. Farb- und Platzierungszuschlägen).
- Das Werbeäquivalent (ohne Zuschläge) entspricht mehr als dem zehnfachen PR-Budget.

Das qualitative Kommunikationscontrolling umfasste eine themenbezogene Präsenzanalyse in den Printmedien. Sie belegt, dass alle genannten PR-Ziele erreicht wurden: In Bezug auf die Themen „Kaffee und Kaffeehaus" hat sich Starbucks als Themenführer der Medienberichterstattung positioniert. In Bezug auf den Imageaufbau in den verschiedenen Bereichen der Markenidentität löste die PR-Kampagne zahlreiche positive Medienberichte und breite Diskussionen aus. <

Telekom Austria AG

Von der Festnetztelefonie zur Multimediatechnologie

Langfristige PR-Strategie für Breitbandinternet

Von Sigrid Bachinger

VERTRIEBSORIENTIERTE PR

> In ganz Europa sind die Umsätze der Telekommunikationsanbieter im Bereich der Festnetztelefonie signifikant rückläufig – eine direkte Folge des „Handybooms" der vergangenen Jahre. Die Öffnung der Märkte für alternative Telefonieanbieter hat zudem für ein Wettbewerbsumfeld gesorgt, in dem der Kampf um den Kunden primär über den Preis ausgetragen wird. Zentraler Bestandteil der Zukunftsstrategie von Telekom Austria als größtem österreichischen Serviceprovider ist daher der Ausbau seiner Aktivitäten im Bereich der Datenübertragung via Breitbandinternet.

Die Ausgangssituation stellte sich vor etwa drei Jahren folgendermaßen dar: Es war abzusehen, dass sich die Geschäftsmodelle der Telekommunikationsanbieter dramatisch wandeln würden. Denn in den kommenden Jahren ist durch das Zusammenwachsen von Sprach- und Datenübertragung und Multimediadiensten (also TV, Video, Musik) mit einem grundlegenden Umbruch der Kommunikationswelt zu rechnen. Telemedizin, Videotelefonie, E-Commerce, Musik- und Datenstreaming, Breitband-TV sind nur einige Beispiele für diese datenintensiven Dienste der Zukunft. Voraussetzung dafür ist eine flächendeckende Versorgung von Bevölkerung und Wirtschaft mit Breitbandinfrastruktur. Die Grenzen zwischen Content- und Infrastrukturanbietern werden dabei neu zu definieren sein.

Für Telekom Austria als Marktführer war eine wahrnehmbare Führungsrolle daher das zentrale strategische Ziel zur Absicherung des künftigen Geschäftserfolges. Bei Politik und Wirtschaft musste ein günstiges Umfeld für die rasche Einführung der neuen Kommunikationsdienste geschaffen werden, bei der Bevölkerung mussten Akzeptanz geschaffen und die Nachfrage nach festnetzbasierten Technologien stimuliert werden.

Imagewandel als Gebot der Stunde

So umfassend wie die Aufgabe stellten sich auch die unterschiedlichen Bedürfnisse der Dialoggruppen dar: Denn in der breiten Bevölkerung wurde Telekom Austria als Exmonopolist vor allem als Anbieter von Festnetztelefondiensten wahrgenommen. Hier war also der Imagewandel hin zum Innovationsführer und Multimediaanbieter das Gebot der Stunde. Bei Entscheidungsträgern aus Wirtschaft und Politik lagen die Ziele anders: Denn der Telekommunikationsmarkt ist auch in Österreich einer Regulierungsbehörde unterworfen. Die von der Bundesregierung bereitgestellten Förderungsmittel tragen dazu bei, den flächendeckenden Breitbandausbau sicherzustellen. Hier galt es, Defizite aufzuzeigen und die Notwendigkeit einer politisch und wirtschaftlich abgestimmten Vorgehensweise zur Sicherung des Wirtschaftsstandortes Österreich (zum Beispiel durch finanzielle Förderung des Breitbandausbaus durch die öffentliche Hand) zu begründen. Auch musste klargestellt werden, dass Telekom Austria als Marktführer seine volkswirtschaftliche Verantwortung wahrnimmt – vor allem im Bereich des Breitbandausbaus, der enorme finanzielle Investitionen notwendig macht.

Agenda-Setting und Personality-PR

Die Kernstrategie konzentrierte sich auf zwei Bereiche: Erstens Agenda-Setting durch Aufzeigen des enormen Potenzials der neuen multimedialen Kommunikationswelt. Dazu gehört die Verankerung von Begriffswelten im Bewusstsein der Dialoggruppen, zum Beispiel Next Generation Network (NGN) als Basisinfrastruktur der konvergenten Dienste, Next Generation Media (NGM) als Pilotprojekt für ein konvergentes Endkundenprodukt oder Internet Protokoll Version 6 (IPv6) als nächste Generation des Internets. Zweitens wurde für zwei Kampagnenträger eine konsequente Personality-PR-Kampagne realisiert: Rudolf Fischer, Vorstand Wireline von Telekom Austria, tritt als österreichischer Breitbandbotschafter im In- und Ausland auf, der im intensiven Dialog mit Bundesregierung und E-Government-Initiativen steht. Helmut Leopold, Leiter Plattform- und Technologiemanagement, ist Vordenker der nationalen und internationalen Technologie-Community, der die konkreten Innovationen als Erster präsentiert.

Die Telekom Austria AG hat im Jahr 1999 die ADSL-Technologie in Österreich eingeführt. Heute haben bereits 86 Prozent der österreichischen Haushalte Zugang zu breitbandigem Internet über ADSL.

Breitband kommt zu den Menschen

In der Frühphase der Umsetzung (2003) diente eine unabhängige Breitbandstudie von Fessel-GFK über infrastrukturelle Problemgebiete und Wünsche von Bürgern, Wirtschaft und Politik Ende 2003 als Argumentationsbasis und „Sprungbrett" in die Medien. Von Anfang an war es auch klare Strategie, die Bürger in ihrem persönlichen Lebensumfeld von den Vorteilen von Breitband zu überzeugen. In ländlichen Gebieten verschiedener Bundesländer wurden daher gleichzeitig mit dem Breitbandausbau Informationsveranstaltungen für die Bevölkerung organisiert und begleitend die regionale Medienarbeit intensiviert. Ein Pilotprojekt eines regionalen PPP-Modells wurde in Arnoldstein/Kärnten realisiert, wo in einer Kooperation von Land, Gemeinde und Telekom Austria Glasfaserbreitband bis in die einzelnen Wohnungen gelegt wurde. „Regionalisierung" auch in der Kommunikationsarbeit war angesagt. Das Ergebnis

ist eine laufende mediale Basiswahrnehmung seitens der Bevölkerung.

Welche Mobilisierungskraft neue Kommunikationsdienste entfalten können, zeigte sich im Herbst 2004 eindrucksvoll am Beispiel „Buntes Fernsehen" in Engerwitzdorf: In dieser kleinen Stadt in der Nähe von Linz/Oberösterreich wurde erstmals in Kooperation mit der Gemeindeverwaltung eine TV-Plattform für regionales Fernsehen via Breitband geschaffen – jeder Bürger und jede Bürgerin kann selbst Fernsehbeiträge gestalten und online stellen. Das Pilotprojekt wird mit einer Begeisterung angenommen, die selbst die Gemeindevertreter überrascht hat: Weit über 300 Bürger nahmen an der Vergabe des „Goldenen Delphins" für besonders gelungene Beiträge teil.

Schulterschluss der österreichischen IKT-Industrie

Große Vorhaben kann man nicht alleine umsetzen. Daher galt es einen Schulterschluss der österreichischen IKT-Industrie zu schaffen. Am 31. März 2004 fand in der Unternehmenszentrale von Telekom Austria das „1. Österreichische IPv6 Kolloquium" als Start einer nationalen Initiative zur raschen Einführung dieser nächsten Generation des Internets statt. Gemeinsam mit der Universität Wien, der Regulierungsbehörde RTR, Siemens, HP, Alcatel, Cisco, IBM, Kapsch, Microsoft und Juniper wurde so die Grundlage für die österreichische IPv6 Task Force geschaffen, die im Juli 2004 ihre Arbeit aufnahm. Helmut Leopold wurde zum Präsidenten der Task-Force und im Oktober zum europäischen Vizevorsitzenden des weltweiten „Broadband Delivery Forums" gewählt. Latif Ladid, Präsident des internationalen IPv6 Forums und Hauptreferent des IPv6 Kolloquiums, bezeichnete in Pressestatements Österreich als „IPv6-Vorzeigeland".

Mehr Dynamik galt und gilt es auch im Bereich der staatlichen IKT-Politik (Informations- und Kommunikationstechnologie) zu erzeugen: Denn Österreich ist im internationalen Standortvergleich bei wichtigen Technologieindizes in den vergangenen Jahren zurückgefallen. Der Grund hierfür liegt primär im Fehlen einer zentralen IKT-Strategie der Bundesregierung. Als positive Gegenbeispiele können etwa die skandinavischen Länder, die Schweiz, Großbritannien oder auch Südkorea gelten, wo ressortübergreifende IKT-Verantwortliche geschaffen und/oder ein nationaler IKT-Masterplan erstellt wurden. In Deutschland wurde ein solcher Masterplan im Dezember 2003 präsentiert. Auf Initiative von Telekom Austria erfolgte daher im Sommer 2004 mit der Gründung der „ARGE Breitband Austria" ein Schulterschluss mit zehn weiteren großen IKT-Playern: IBM, Siemens, Kapsch CarrierCom, Tele2UTA, UPC Telekabel, Alcatel, SAP, HP, Cisco Systems und Microsoft. Auf Basis einer wissenschaftlich abgesicherten Bestandsaufnahme und Defizitanalyse wurden Handlungsempfehlungen an die Politik erarbeitet und den Medien präsentiert. Nach einem Besuch bei Vizekanzler und Infrastrukturminister Hubert Gorbach im Dezember 2004 wurde mit allen Parlamentsfraktionen Überzeugungsarbeit geleistet, um das Thema Breitband nachhaltig auf der politischen Agenda zu verankern. Den vorläufigen Höhepunkt bildet ein fraktionsübergreifender Industrieausschuss, der im Juni 2005 die weitere IKT-Strategie des Bundes behandeln wird.

Der Bereich Agenda-Setting betrifft naturgemäß vor allem Zukunftsthemen: Hervorzuheben ist hier die erstmalige Präsentation der interaktiven „Next Generation Media (NGM)"-Plattform von Telekom Austria im Rahmen der Alpbacher Technologiegespräche im August 2004. Die Eröffnungsveranstaltung war mit über 150 Entschei-

dungsträgern hervorragend besucht. Eine Pressekonferenz und Hintergrundgespräche sorgten für Wahrnehmung in Printmedien, Hörfunk und TV. Die aktuellste Innovation, das „Future-Home", steht seit Januar 2005 in der Unternehmenszentrale von Telekom Austria in Wien. Es zeigt konkret anhand von vier Lebensbereichen (Eingangs-, Arbeits-, Wohn- und Jugendbereich), wie die Zukunft des multimedialen Wohnens auf Basis heutiger Technologien aussehen kann. Haussteuerung, Kommunikation und Entertainment werden über eine gemeinsame Breitbandplattform ermöglicht, Herzstück ist wiederum die Next-Generation-Media- Plattform im Wohnbereich.

„Seniorkom" – Senioren ans Netz

Nicht zu vergessen ist die Seniorenkampagne „Seniorkom", denn Senioren sind die am schnellsten wachsende Gruppe im Internet. In Kooperation mit dem Österreichischen Seniorenrat veranstaltete Telekom Austria seit April 2003 unter anderem eine Roadshow und ein internationales Symposium im Technischen Museum Wien, das sich mit den Wünschen und Erwartungen von Senioren an das neue Medium befasste. Der Erfolg hat die Erwartungen deutlich übertroffen: Rund 270.000 Senioren konnten direkt erreicht werden, die Seite www.seniorkom.at verzeichnet derzeit rund 40.000 Visits und 900.000 Pageviews pro Monat.

Last but not least sind auch die Mitarbeiter von Telekom Austria eine wichtige Dialoggruppe, denn die Erweiterung der Unternehmensstrategie musste von einer positiven Dynamik im Haus getragen werden. Es wurde daher Wert darauf gelegt, dass alle Innovationen zuerst den Mitarbeitern präsentiert und mit ihnen ausführlich diskutiert wurden. Mit dem Aufbau einer eigenen „Innovations-Gruppe" SPIN (Strategic Platform and Innovation Management) wurde dem Wandel zum Multimediaanbieter auch organisatorisch Rechnung getra-

gen. Wichtige interne und externe Veranstaltungen werden seit einigen Monaten live und breitbandbasiert via Internet und Streamingtechnologie vom so genannten „Stream-Team" übertragen.

Die Zwischenbilanz der Kampagne „Von der Festnetztelefonie zur multimedialen Kommunikationswelt" darf daher positiv ausfallen. Es ist gelungen, vom Vorstand abwärts Unternehmensstrategie, Innovationsmanagement und Unternehmenskommunikation zu einer Einheit zu machen, in der sich die entsprechenden Abteilungen gegenseitig Impulse verleihen, was bei einer Unternehmensgröße von über 13.000 Mitarbeitern keine Selbstverständlichkeit ist. Die Wirkung der Kommunikationskampagne zeigt sich auch im Rahmen der regelmäßig durchgeführten quantitativen und qualitativen Medienresonanzanalysen. Insgesamt wurden „Breitband/ADSL" und Telekom Austria seit Mai 2003 in über 2.000 Beiträgen in Printmedien gemeinsam erwähnt. Für die begleitende Kommunikationsstrategie „Von der Festnetztelefonie zur multimedialen Kommunikationswelt" wurden Telekom Austria und HocheggerlCom als externe Agentur am 28. April in Berlin mit dem „PR Report Award", Kategorie „langfristige PR-Strategie", ausgezeichnet. Dies gibt uns doppelten Grund zur Freude: Denn einerseits zeigt es, dass hohe PR-Qualitätsstandards auch in Österreich mit seiner vergleichsweise überschaubaren Medienlandschaft verwirklicht werden können. Andererseits ist es eine Bestätigung für die Ausdauer, ein strategisches Kernthema – Breitband – nachhaltig zu besetzen, „dranzubleiben" und es unter Nutzung des gesamten PR-Instrumentariums für unterschiedlichste Dialoggruppen aufzubereiten. <

Die Autoren

/ 114
Larissa Alghisi-Rubner ist Executice Director Corporate Communications Management bei der UBS AG, Zürich.

/ 204
Mag. Sigrid Bachinger ist Pressesprecherin der Telekom Austria AG, Wien.

/ 144
Bernd Bauer war bis Juni 2005 Unternehmenssprecher und Executive Vice President Corporate Communications der Bertelsmann AG.

/ 198
Dr. Viktor Bauer ist Gründer und Inhaber der Dr. Viktor Bauer Public Relations GmbH, Wien.

/ 166
Dr. Viola Bronsema war bis Januar 2006 Leiterin Kommunikation Deutschland der Roche Diagnostics GmbH, Mannheim.

/ 80
Tony Cervone ist Vice President Communications bei General Motors Europe.

/ 184
Nerses Chopurian ist Director Corporate Communications der eBay GmbH, Europarc Dreilinden.

/ 8 + 124
Dr. Jürgen Claassen, Executive Vice President, Leiter Corporate Communications and Strategy, ThyssenKrupp AG.

/ 52
Ralph Driever ist Leiter der Unternehmenskommunikation bei der Degussa AG, Düsseldorf.

/ 120
Reinhard Fröhlich ist Leiter Unternehmenskommunikation der DZ BANK AG, Frankfurt am Main.

/ 16
Dr. Thomas Gauly ist Generalbevollmächtigter und Leiter Konzernkommunikation & Investor Relations der ALTANA AG, Bad Homburg.

/ 46
Dr. Bettina Gneisz-Al-Ani ist Leiterin Corporate Communications und Pressesprecherin der OMV AG, Wien.

/ 34
Stefanie Hansen steuert gemeinsam mit Ulrich Winkler, Leiter der Abteilung Presse und Externe Kommunikation der Deutsche BP AG, Bochum, die BP-Informationskampagne.

/ 102
Professor Manfred Harnischfeger ist Chef der Konzernkommunikation von Deutsche Post World Net und verantwortet auch die Kommunikation der Deutschen Postbank.

/ 62
Thomas Hauser ist Leiter Corporate Marketing & Communications und Pressesprecher der MAN Roland Druckmaschinen AG, Offenbach am Main.

/ 158
Dr.-Ing. Herbert Heitmann verantwortet als Leiter Unternehmenskommunikation die weltweite Kommunikation der SAP AG, Walldorf.

/ 174
Ulf Henning ist Director Marketing & Communications bei Accenture Austria, Switzerland, Germany in Kronberg.

/ 152
Thomas Henrich ist Leiter Kommunikation im Privatkundengeschäft der Commerzbank AG, Frankfurt am Main.

/ 22
Dr. Matthias Hensel war bis 2004 Leiter Unternehmenskommunikation der BASF AG und ist seitdem Vorsitzender der Geschäftsführung bei LUWOGE – Das Wohnungsunternehmen der BASF.

/ 88
Dr. Walter Huber ist Vice President und Leiter Corporate Communications der Merck KGaA, Darmstadt.

/ 138
Uwe Kattwinkel ist Leiter Konzern-kommunikation der TUI AG, Hannover.

/ 80
Dr. Karin Kirchner ist Manager Product Public Relations bei General Motors Europe, Zürich.

/ 138

Mario Köpers ist bis 31.03.2006 Direktor Presse und stellvertretender Leiter der Konzernkommunikation der TUI AG, Hannover. Ab 01.04.2006 leitet er die Konzernkommunikation bei Thomas Cook.

/ 190

Beate McGinn war Mitgründerin von metronet (gehört seit Dezember 2003 zu T-Mobile Austria). Heute leitet sie die Kommunikation bei Philips Austria.

/ 180

Ulrich Nies ist Teamleiter der BASF Automotive Communication Community, BASF AG, Ludwigshafen.

/ 108

Dr. Ulrich Ott ist Pressesprecher und Leiter der Unternehmenskommunikation der ING-DiBa, Allgemeine Deutsche Direktbank AG, Frankfurt am Main.

/ 130

Michael Pfister ist Leiter Kommunikation der MLP AG, Heidelberg.

/ 58

Ernst Primosch ist Leiter der Unternehmenskommunikation der internationalen Henkel Gruppe, Düsseldorf.

/ 70

Johannes Reifenrath ist seit Herbst 2001 bei DaimlerChrysler als Leiter Globale Kommunikation Mercedes Car Group für die weltweite PR der Pkw-Marken Mercedes-Benz, Maybach und smart verantwortlich.

/ 88

Judith Rahner ist Managerin Corporate Publishing and Projects der Merck KGaA, Darmstadt.

/ 94

Dr. Ulf Santjer ist Head of Corporate Communications der PUMA AG, Herzogenaurach.

/ 28

Christoph Sieder ist Senior Vice President Corporate Communications der LANXESS AG, Leverkusen.

/ 40

Heiner Springer ist Leiter Corporate Communications bei der Bayer AG, Leverkusen.

/ 102
Joachim Strunk ist Abteilungsdirektor Presse und Öffentlichkeitsarbeit der Deutschen Postbank, Bonn.

/ 114
Michael Willi ist Leiter Corporate Communications Management bei der UBS AG, Zürich.

/ 34
Ulrich Winkler ist Leiter der Abteilung Presse und Externe Kommunikation der Deutsche BP AG, Bochum.